辽宁省应用基础研究计划项目(2023030002-JH2/1013)资助
沈阳市科技计划项目(22-322-3-10)资助

金属离子强化低温生物脱氮技术

李　微　李　军　张立成　张吉库
宁雨阳　胡淏婷　张　冀　　　著

中国矿业大学出版社
·徐州·

内 容 提 要

本书以作者十多年的研究成果和工程实践为基础,对金属离子强化低温生物脱氮技术与过程控制的基本理论和试验研究等内容进行了较系统的归纳和总结,并通过大量的试验数据,重点阐述了金属离子强化厌氧氨氧化脱氮机理、技术及系统稳定性控制方案与策略。全书共 5 章,主要介绍水体氮污染及脱氮技术的发展;低温污水处理技术、原理与工艺研究;金属离子与信号分子对低温厌氧氨氧化效能影响试验研究;低温胁迫下 ZVI 及 Fe-C 颗粒对厌氧氨氧化脱氮效能影响试验研究;中低温下外源添加 K$^+$ 对厌氧氨氧化处理高盐度废水影响试验研究。

本书全面总结了金属离子强化低温生物脱氮关键技术要点和最新研究进展,既可以作为污水处理领域设计和运行人员培训教材,也可作为相关科研人员及高等院校给水排水科学与工程和环境工程专业师生的参考书。

图书在版编目(C I P)数据

金属离子强化低温生物脱氮技术 / 李微等著. —徐州:中国矿业大学出版社,2023.6

ISBN 978 - 7 - 5646 - 5846 - 5

Ⅰ. ①金…　Ⅱ. ①李…　Ⅲ. ①阳离子—低温技术—反硝化作用　Ⅳ. ①Q936

中国国家版本馆 CIP 数据核字(2023)第 101490 号

书　　　名	金属离子强化低温生物脱氮技术
著　　　者	李　微　李　军　张立成　张吉库　宁雨阳　胡淏婷　张　冀
责任编辑	李　敬
出版发行	中国矿业大学出版社有限责任公司
	(江苏省徐州市解放南路　邮编221008)
营销热线	(0516)83885370　83884103
出版服务	(0516)83995789　83884920
网　　　址	http://www.cumtp.com　**E-mail**:cumtpvip@cumtp.com
印　　　刷	苏州市古得堡数码印刷有限公司
开　　　本	787 mm×1092 mm　1/16　**印张** 14.75　**字数** 289 千字
版次印次	2023 年 6 月第 1 版　2023 年 6 月第 1 次印刷
定　　　价	60.00 元

(图书出现印装质量问题,本社负责调换)

前　言

　　随着我国经济建设快速发展和人民生活水平显著提高，污水排放总量日益增加，加大了水处理难度和成本。近年来，水体中氮污染已经得到有效控制，但仍为主要污染指标。生物法脱氮因其处理成本低、效果好且稳定等诸多优点，成为水环境污染治理的主要手段，然而我国北方地区冬季环境温度低，城市污水处理厂的常规生物处理工艺经常出现处理效率下降、出水水质不达标的情况。在水处理设施建设"提质增效"的背景下，研发高效低耗污水处理微生物强化技术至关重要。

　　金属离子在微生物的生长发育过程中扮演着非常重要的角色，其中，铁、镁、钙等金属离子是微生物构筑细胞基本结构的必需元素；镁离子还参与了微生物活性或生物膜的稳定性等方面；锌、铜、银等其他金属离子对微生物生长有促进作用，是微生物生长必需元素的辅助因子。适量的金属元素的添加能够有效强化微生物活性，提升污水处理效果。

　　笔者从事污水处理科研工作十余载，对污水处理技术进行了较为深入的研究，积累了较为丰富的科研成果，本书对前期金属离子强化低温污水处理研究成果进行汇总，希望能够对污水处理理论与技术发展做出一点贡献，特别是对金属离子微生物强化技术的实际应用提供一些借鉴。全书共5章，第1章介绍污水生物脱氮常见工艺，第2章介绍低温污水处理微生物强化技术的发展，第3章介绍金属离子与信号分子对低温厌氧氨氧化效能影响研究，第4章介绍低温胁迫下 ZVI及 Fe-C 颗粒对厌氧氨氧化脱氮效能影响研究，第5章介绍中低温下外源添加 K^+ 对厌氧氨氧化处理高盐度废水影响研究。

　　本书撰写过程中参考了一些相关文献资料，在此对文献的作者们表示衷心感谢。由于笔者技术水平有限,书中某些论点虽经反复试验推敲,仍难免有不妥或疏漏之处,真诚希望业内专家、读者予以批评指正。

著　者

2023 年 3 月

目　　录

第 1 章　绪　　论

1.1　氮元素的污染危害及来源

1.1.1　氮元素的污染危害

氮元素在自然界中主要以 N_2 形式存在于空气中[1]，在水体中则主要以 NH_4^+-N、NO_3^--N 及 NO_2^--N 形式存在[2]。自然界中植物通过光合作用，消耗氮气产生氧气和能量，成为氮素循环的一部分，维持氮素总量稳定。但随着人类的社会活动，大量的氮素随着污水排放直接进入水体[3]，水体中的氮元素总量远远超过正常条件下的含量，使得藻类得到适宜生长繁殖的环境，大量繁殖导致水体中的溶解氧含量不足以供给水生生物生活，水生生物缺氧死亡，导致水体散发异味[4]。

而水体氮污染对人类同样会造成伤害，严重的氮污染会使水体的氧化还原电位值下降，水中溶解氧被消耗，而还原态的 Cr^{3+}、Mn^{2+}、As^{3+}、Hg^{2+}、Fe^{2+} 等在水中富集，最终使水体转变为无氧毒性水。有医学研究者研究认为[5]，超过正常剂量的硝态氮在人体内有可能会转化成为亚硝态氮，而本该和氧气结合的血红蛋白，与亚硝态氮结合，造成血液输氧能力降低，虽在性状表现上不易察觉，但对人体影响较大。

1.1.2　氮元素的污染来源

1.1.2.1　工业废水排放

对于我国而言，工业废水未经过处理便直接排放至河流中，是我国水环境污染的主要原因之一。而随着我国工业的持续发展，工业用水量以及工业废水排放量都在逐年增加，工业废水、废渣、废弃物未经任何处理直接排放，使得水污染逐渐加重[6]。

1.1.2.2　城市污水排放

近些年来，随着居民的生活水平不断提高，城市污水排放量逐年递增。有调查发现,一些人口较密集的城市的地下水受污染严重,水中的氮化合物含量高达 100 mg/L[7]。

1.1.2.3 农业污染

经过多年的发展和大力建设,自来水在我国的普及率逐年上升,农村居民的日常用水排水量也随之上升,但是由于农村地区对环境保护并不重视,生活污水的随意排放对水资源以及土壤造成了极大的影响[8]。而在城市化进程日益推进下,蛋类以及肉类食品的需求使得农村畜牧业得到迅速的发展,但由于农村畜牧业养殖呈现分散的情况,无法进行集中处理,导致经常发生畜禽粪便严重污染周边水体的情况[9-10]。农业添加的化肥会残留在土壤中,通过流失和渗漏,化肥中的氮、磷等营养物质会进入水体中,导致藻类过度生长。过度生长的藻类会消耗水体中大量的氧气,导致水体缺氧,进而引起水中鱼虾死亡现象。同时,水体中的大量藻类和细菌也会影响水质,使水变得浑浊难看,甚至给人类健康带来威胁。

1.2 污水生物脱氮工艺

1.2.1 传统脱氮工艺

1.2.1.1 A/O 工艺

A/O 工艺系统由两部分组成,分别为厌氧池和好氧池。厌氧池的功能是释放磷的同时通过细菌细胞合成去除部分 NH_4^+-N,但 NO_3^--N 的含量不变。而在好氧池,有机氮先被氨化继而被硝化,NH_4^+-N 在亚硝化菌的作用下,转化为 NO_2^--N,随后在硝化菌的作用下转化为 NO_3^--N,在此过程中出现 NO_3^--N 的积累。与此同时,有机物与磷的浓度也在下降[11]。

A/O 工艺比较成熟,在实际中应用多年,已有丰富的管理经验,操作较为稳定。当进水浓度变化较大的时候,A/O 工艺依然可以保持一定的稳定状态,耐冲击强度较好[11]。但是随着人民生活水平的提高以及环保意识的提升,相较于日益增大的污水氮浓度,A/O 工艺的脱氮效率(50%~70%)[12]已无法满足人们的需求。

1.2.1.2 A²/O 工艺

A²/O 工艺是在 A/O 工艺的基础上,增加一个厌氧池,从而提高生物脱氮工艺的脱氮效果[13]。A-A-O 分别为厌氧段、缺氧段以及好氧硝化段。A²/O 工艺中主要在厌氧池进行磷释放,在缺氧池中进行反硝化,在好氧池中则是进行硝化脱氮以及磷的去除[14]。

A²/O 工艺有着流程简单、管理方便的优点,但同时也存在脱氮效率不高、脱氮与除磷无法兼顾的缺点[15],于是出现了改良的 A²/O 工艺,例如在厌氧池前增加预缺氧段[16]、倒置 A²/O 工艺等生物脱氮工艺[17]。

1.2.1.3 氧化沟工艺

氧化沟工艺,别名连续循环式反应器,是传统脱氮工艺之一。氧化沟综合了曝气、沉淀和污泥稳定处理过程,间歇运行[18]。

氧化沟工艺管理方便、运行简单,同时还具有非常强的抗负荷冲击能力,这些优点使得它不仅可以应用于城市污水处理,还可以应用到工业废水的处理,如造纸废水的处理[19]。

1.2.1.4 间歇式(SBR)脱氮工艺

SBR 工艺,又称序批式活性污泥法,是在同一反应池内,通过间断性控制水池中的曝气装置,保证水中溶解氧含量,经进水、处理、过滤沉淀、放水以及静置5个流程,完成脱氮过程[20]。温度、pH 值以及溶解氧浓度都是对 SBR 工艺影响较大的因素。

SBR 工艺具有运行效果较稳定、不易出现污泥膨胀、出水水质良好以及耐冲击负荷等优点。SBR 工艺最大的缺点就是运行管理相较其他工艺烦琐,但是在科技日益发展的今天,这一问题已被自动化控制解决[21]。

1.2.2 新型脱氮工艺

1.2.2.1 同步硝化反硝化技术(SND)

传统脱氮工艺是根据硝化与反硝化反应完成脱氮过程,但是在 20 世纪 80年代,研究人员在研究过程中,在没有明显缺氧或厌氧条件下,发现一部分的氮损失,即存在缺氧和无氧条件下的硝化反应以及有氧情况下的反硝化反应[22],这种现象被称为同步硝化反硝化(SND)。目前同步硝化反硝化(SND)的作用机理仍然在探求,其3个主要的作用机理为宏观环境理论、微环境理论以及生物学理论[23]。

在同一反应器内实现硝化和反硝化过程,使硝化反应的产物成为反硝化反应的底物,避免了产生 NO_3^--N 的积累,进而避免了硝化反应的抑制,可以加快硝化反应的速度;反硝化过程中产生的碱度,可以补偿反应器内硝化反应消耗的碱度,从而保持反应器内 pH 值相对稳定[24]。此外,同步硝化反硝化(SND)还有减少外加碳源、降低曝气量、缩小反应器尺寸以及节省基建费用等优点[25],引起了研究者极大的探索兴趣。

1.2.2.2 短程硝化反硝化(SHARON)工艺

短程硝化反硝化(SHARON)工艺是由荷兰 Delft 技术大学开发的,在技术上突破了以往生物脱氮工艺的基本思路[26]。短程硝化反硝化工艺是在一个反应器内,在有氧条件下先由亚硝酸细菌将 NH_4^+-N 转化为 NO_2^--N,随后在缺氧条件下将 NO_2^--N 反硝化为 N_2[27]。

短程硝化反硝化工艺最早应用于处理污水厂的污泥消化池上清液,它更适用于处理低 C/N 比、高浓度的含氨废水[27]。短程硝化反硝化工艺具有节省曝气量以及减少外加碳源、缩小反应池尺寸等优点。但是该工艺对温度反应较为敏感,当温度处于 5～20 ℃时,亚硝酸细菌的生长速率小于硝酸细菌,不利于反应器中亚硝酸细菌的富集,所以该工艺的最适温度为 30～35 ℃[28]。

1.2.2.3 厌氧氨氧化(ANAMMOX)工艺

厌氧氨氧化(ANAMMOX)工艺是由荷兰 Delft 大学最先开始研究,并且成功应用的一种新型的生物脱氮工艺[29]。在此工艺中起主要作用的细菌是厌氧氨氧化菌(Anammox 菌)。厌氧氨氧化菌在厌氧条件下,可以将 NH_4^+-N 作为电子供体、NO_2^--N 作为电子受体,发生厌氧氨氧化反应生成 N_2[30]。

厌氧氨氧化工艺具有脱氮效果好、不需要曝气、全程自养不需要外加碳源以及占地面积小等优点,这些优点使得厌氧氨氧化工艺在污水处理领域发展潜力巨大[31-33]。与此同时,厌氧氨氧化工艺与其他工艺耦合的脱氮工艺也取得了很大的进步。

1.2.2.4 全程自养脱氮(CANON)工艺

全程自养脱氮(CANON)工艺是结合厌氧氨氧化工艺和短程硝化工艺,由厌氧氨氧化菌与亚硝酸菌协同完成整个脱氮过程[34]。全程自养脱氮工艺利用生物膜为构架,使 AOB 菌(氨氧化细菌)位于生物膜的外层,厌氧氨氧化菌位于生物膜的内层,通过控制溶解氧的含量达到缺氧条件,脱氮过程为:AOB 菌先将 NH_4^+-N 转化为 NO_2^--N,再由厌氧氨氧化菌将 NH_4^+-N 与 NO_2^--N 转化为氮气[35]。

全程自养脱氮工艺主要应用于高氨氮、低 C/N 比的废水处理中,比如垃圾渗滤液以及畜牧养殖场废水等。全程自养脱氮工艺与传统脱氮工艺相比,降低了 63% 的耗氧量,无须外加碳源,具有节省运行管理费用以及基建费用等优点[36]。但是在废水氨氮浓度发生变化的时候,如何通过调整控制溶解氧浓度,从而稳定工艺过程是目前亟须解决的问题。同时,由于厌氧氨氧化菌增殖缓慢,而该工艺的启动还需要控制 pH 值、温度以及溶解氧浓度等其他因素,如何缩短工艺的启动时间也是目前研究人员面临的问题之一[37]。

1.2.2.5 限氧自养硝化-厌氧反硝化（OLAND）工艺

限氧自养硝化-厌氧反硝化（OLAND）工艺是由比利时 Ghent 大学微生物生态实验室综合亚硝酸型硝化以及厌氧氨氧化技术开发的[38-39]。限氧自养硝化-厌氧反硝化工艺脱氮过程为：先在限氧条件下将 NH_4^+-N 转化为 NO_2^--N，随后在厌氧条件下发生厌氧氨氧化反应，NH_4^+-N 与 NO_2^--N 反应实现氨氮的去除[40]。该工艺的优点有[41]：① 节省近 60% 的耗氧量；② 减少 90% 的污泥量；③ 无须外加碳源。

1.3 厌氧氨氧化工艺

1.3.1 厌氧氨氧化现象的发现

厌氧氨氧化是在没有氧的条件下，由厌氧氨氧化菌利用 NH_4^+-N 和 NO_2^--N 两者进行反应转化生成为 N_2。厌氧氨氧化技术的发展历经了理论预测阶段和实验证明阶段。1977 年，理论化学家 Broda[42] 根据化学反应自由能，推测了厌氧氨氧化菌和厌氧氨氧化反应的存在。1995 年，Mulder 等人[43] 在反硝化脱氮流化床内部发现了大量的 NH_4^+-N 和 NO_3^--N 同时被消耗殆尽的现象，从而验证了 Broda 的猜想，然后他将其称作为厌氧氨氧化。Van de Graaf 等人得出了一个结论：厌氧氨氧化是以 NH_4^+-N 作为电子供体、以 NO_2^--N 作为电子受体的可以化能自养的一种生物脱氮反应[44-45]，羟氨和联氨被认为是其中间产物，最终生成产物为 N_2，并提出相应的其可能发生的反应途径[46]。

1.3.2 厌氧氨氧化反应机理

研究认为有两种主流的厌氧氨氧化反应机理。① 在亚硝酸盐还原酶的作用下，将 NO_2^--N 还原为 NO，然后 NO 与 NH_4^+-N 在联氨水解酶的作用下结合为联氨（N_2H_4），最后，羟氨氧化还原酶再将 N_2H_4 氧化为 N_2，实现氮元素的去除[47]。② Van de Graaf 采用同位素 ^{15}N 的示踪试验[48]，认为 NO_2^--N 第一步被还原为 NH_2OH，然后 NH_2OH 和 NH_4^+-N 相互反应转化生成 N_2，其中伴有中间产物 N_2H_4 的生成。两种反应机理的中间产物不同，第一种认为 NO 是中间产物，第二种认为 NH_2OH 才是中间产物。

1.3.3 厌氧氨氧化菌种

厌氧氨氧化菌（AAOB）是一类可以利用 NH_4^+-N 和 NO_2^--N 产生 H_2 的自养型的微生物，属于浮霉状菌目[48]下的厌氧氨氧化菌科[49-52]。目前，已经发现厌氧氨氧化菌一共有 5 个菌属,详见表 1-1,这些菌种都能够进行厌氧氨氧化反应[53]。

表 1-1　厌氧氨氧化菌的种群

属	种	参考文献
Brocadia	*Candidatus Brocadia anammoxidans*	[49]
	Candidatus Brocadia fulgida	[52]
	Candidatus Brocadia sinica	[54]
Anammoxoglobus	*Candidatus Anammoxoglobus sulfate*	[55]
	Candidatus Anammoxoglobus propionicus	[56]
Kuenenia	*Candidatus Kuenenia stuttgartiensis*	[57]
Scalindua	*Candidatus Scalindua zhenghei*	[58]
	Candidatus Scalindua richardsii	[59]
	Candidatus Scalindua brodae	[60]
	Candidatus Scalindua wagneri	[60]
	Candidatus Scalindua sorokinii	[61]
	Candidatus Scalindua arabica	[62]
	Candidatus Scalindua profunda	[63]
Jettenia	*Candidatus Jettenia asiatica*	[64]

1.3.4　厌氧氨氧化工艺

厌氧氨氧化工艺是厌氧氨氧化菌富集和活性提高的过程。然而,厌氧氨氧化菌倍增时间长,生长慢,而且对周围环境要求十分苛刻[30,65],因此从活性污泥培养成厌氧氨氧化颗粒污泥需要很长时间。有研究表明[33-66],厌氧氨氧化反应器启动时间超过一年,这将成为厌氧氨氧化工艺广泛应用于工程实践的阻碍。因此,厌氧氨氧化工艺的快速启动以及低温强化研究受到广泛的关注。厌氧氨氧化菌生长环境影响因素有有机物、溶解氧、水力停留时间、亚硝酸盐、光照、温度、pH 值等。

（1）有机物。厌氧氨氧化菌属于自养型厌氧菌,生长缓慢,当含有有机物时,异养菌的增殖比较快,会抑制厌氧氨氧化菌的生长。但对于高氨氮、低 C/N 废水,厌氧氨氧化工艺具有很好的脱氮处理效果。

（2）溶解氧。氧气的存在能够抑制厌氧氨氧化菌的活性,只有在亚硝酸盐存在的缺氧环境中,才发生厌氧氨氧化反应。该工艺被应用于废水脱氮过程中,可以采用曝氮气方式去除水中的 DO,或者在该反应器之前设置一个短程硝化反应器,去除水中的 DO,然后该反应器出水进入厌氧氨氧化反应装置,以消除氧气对厌氧氨氧化菌的抑制作用。

（3）水力停留时间。水力停留时间（HRT）是厌氧氨氧化工艺的一种重要影响因素:较大的 HRT,水流剪切力较大,利于形成颗粒污泥;较小的 HRT 导致 NH_4^+-N 和 NO_2^--N 反应不完全,氮去除率较低[67-70]。

（4）亚硝酸盐。高亚硝酸盐浓度对厌氧氨氧化菌种有抑制作用。亚硝酸盐浓度高于 10 mmol/L 时即对 *Brocadia anammoxidans* 产生抑制作用[71]。唐崇俭等人[72]采用上流式的生物反应器研究不同进水基质的浓度对厌氧氨氧化的影响,得到 NO_2^--N 的最大浓度是 280 mg/L。

（5）光照。厌氧氨氧化是一个严格避光的反应,光会抑制厌氧氨氧化菌的活性,降低反应的脱氮效果。试验过程中通常将厌氧氨氧化反应器置于黑暗条件下进行培养。实际中,将反应器设计为封闭型,以减少光对菌种产生的不利影响。

（6）温度。厌氧氨氧化菌对温度变化十分敏感。有研究表明[73-75],厌氧氨氧化的最适温度为 30～35 ℃。当温度超过 40 ℃时,就导致细胞内存在的蛋白质和核酸等发生变性失活,细菌失活;当温度小于 15 ℃时,厌氧氨氧化菌的活性就下降,反应速率降低。但也有研究表明存在耐寒的厌氧氨氧化菌,Hendrickx 等人[76]在 10 ℃下从活性污泥中富集了厌氧氨氧化菌,且菌种表现出较高的活性。

（7）pH 值。pH 值影响厌氧氨氧化菌活性,还能直接导致溶液里面的游离氨（FA）以及游离亚硝酸（FNA）的浓度发生不可预想的改变:pH 值变大,FA 也跟着升高,引发 FA 抑制;pH 值变小,FNA 浓度变低,影响厌氧氨氧化菌活性,进而影响系统脱氮效果。厌氧氨氧化反应最适 pH 值范围是 6.4～8.3[65]。

参考文献

[1] 谭优.水稻秸秆阴离子吸附剂的制备及其性能研究[D].长沙:湖南大学,2012.

[2] 沈照理.水文地球化学基础(一)[J].水文地质工程地质,1983(3):54-57.

[3] 王烨,朱琨.我国水资源现状与可持续利用方略[J].兰州交通大学学报(社会

科学版),2005,24(5):77-80.

[4] 张海芝.氮素化肥最大效益和最小污染技术措施[J].中国农学通报,2004,20(6):299-300,330.

[5] 李政红,王东升.人为因素影响下浅层地下淡水氮浓度的演变[J].勘察科学技术,1999(1):37-41.

[6] 高荣伟.我国水资源污染现状及对策分析[J].资源与人居环境,2018(11):44-51.

[7] 段桂兰.治理水资源污染的技术策略研究[J].黑龙江科技信息,2013(6):268.

[8] 张晓楠,邱国玉.化肥对我国水环境安全的影响及过量施用的成因分析[J].南水北调与水利科技,2019,17(4):104-114.

[9] 刘越.浅谈我国农村水环境污染现状及治理对策[J].绿色环保建材,2019(1):54-55.

[10] 韩雅红.寒冷地区农村小流域污染成因及治理对策[J].乡村科技,2018(15):93-94.

[11] 梁峥.浅谈 A/O 工艺和 UNITANK 工艺在污水厂的运行[J].中小企业科技,2007(8):69-71.

[12] 彭永臻,王晓莲,王淑莹.A/O 脱氮工艺影响因素及其控制策略的研究[J].哈尔滨工业大学学报,2005,37(8):1053-1057.

[13] 阚学成,侯学轩.A^2/O 工艺处理焦化废水[J].煤化工,2006(6):48-50.

[14] 张自杰.废水处理理论与设计[M].北京:中国建筑工业出版社,2003.

[15] 郝华来.传统污水生物脱氮工艺概述[J].微量元素与健康研究,2010,27(6):65.

[16] 李绍秀,谢晖,郭玉.改良 A^2/O 工艺在污水处理厂中的应用[J].给水排水,2006,32(8):37-39.

[17] 刘诗燕.倒置 A^2/O 工艺在污水处理厂中的应用[J].中国新技术新产品,2013(21):176-177.

[18] 隋智慧,吴学栋.氧化沟工艺与造纸废水处理[J].黑龙江造纸,2006(4):61-62,64.

[19] 戴红玲,胡锋平,王涛,等.氧化沟工艺在污水处理中的应用与研究新进展[J].科技资讯,2007(32):145-146.

[20] 罗小燕.浅析低温条件下 SBR 法污水处理技术[J].科技创新与应用,2015

（31）：170.

[21] 乔春，汤金如，沈希光.SBR 工艺污水处理技术[J].安阳工学院学报，2009（4）：44-47.

[22] 郭冬艳，李多松，孙开蓓，等.同步硝化反硝化生物脱氮技术[J].安全与环境工程，2009，16（3）：41-44.

[23] 杜馨，张英民，周伟坚，等.同步硝化反硝化生物脱氮技术的研究进展[J].广东化工，2009，36（12）：114-116.

[24] 赵留辉.污水处理新技术：同步硝化反硝化生物脱氮机理及影响因素分析[J].内蒙古环境科学，2009，21（3）：80-82，90.

[25] 贾艳萍，贾心倩，刘印，等.同步硝化反硝化脱氮机理及影响因素研究[J].东北电力大学学报，2013，33（4）：19-23.

[26] 谢天水，王舜和.SHARON 工艺研究进展[J].给水排水，2009，35（增刊）：183-187.

[27] 林涛，操家顺，钱艳.新型的脱氮工艺：SHARON 工艺[J].环境污染与防治，2003，25（3）：164-166.

[28] HELLINGA C，SCHELLEN A A J C，MULDER J W，et al.The Sharon process：an innovative method for nitrogen removal from ammonium-rich waste water[J].Water science and technology，1998，37（9）：135-142.

[29] FUX C，BOEHLER M，HUBER P，et al.Biological treatment of ammonium-rich wastewater by partial nitration and subsequent anaerobic ammonium oxidation（anammox）in a pilot plant[J].Journal of biotechnology，2002，99（3）：295-306.

[30] STROUS M，HEIJNEN J J，KUENEN J G，et al.The sequencing batch reactor as a powerful tool for the study of slowly growing anaerobic ammonium-oxidizing microorganisms [J].Applied microbiology and biotechnology，1998，50（5）：589-596.

[31] JETTEN M M，CIRPUS I，KARTAL B，et al.1994-2004：10 years of research on the anaerobic oxidation of ammonium[J].Biochemical society transactions，2005，33（1）：119-123.

[32] JOSS A，SALZGEBER D，EUGSTER J，et al.Full-scale nitrogen removal from digester liquid with partial nitritation and anammox in one SBR[J].Environmental science & technology，2009，43（14）：5301-5306.

[33] VAN DER STAR W R L,ABMA W R,BLOMMERS D,et al.Startup of reactors for anoxic ammonium oxidation:experiences from the first full-scale anammox reactor in Rotterdam[J].Water research,2007,41(18): 4149-4163.

[34] 冯一帆.CANON 工艺脱氮的影响因素研究[J].科技视界,2014(1):313.

[35] 左早荣,付昆明,仇付国,等.CANON 工艺的研究现状及面临困难分析[J]. 水处理技术,2013,39(9):15-19.

[36] 操家顺,蔡娟.新型生物脱氮工艺:CANON 工艺[J].中国给水排水,2005, 21(8):26-29.

[37] 逯焕波,廖德祥,杨开亮,等.全程自养脱氮工艺研究进展[J].广州化工, 2017,45(13):19-20.

[38] KUAI L,VERSTRAETE W.Ammonium removal by the oxygen-limited autotrophic nitrification-denitrification system [J]. Applied and environmental microbiology,1998,64(11):4500-4506.

[39] 张沙,汪涛,刘鹏霄,等.常温条件下 OLAND 工艺启动研究[J].工业水处 理,2016,36(12):77-81.

[40] 叶建锋,徐祖信,薄国柱.新型生物脱氮工艺:OLAND 工艺[J].中国给水排 水,2006,22(4):6-8.

[41] SCHAUBROECK T,BAGCHI S,DE CLIPPELEIR H,et al.Successful hydraulic strategies to start up OLAND sequencing batch reactors at lab scale[J].Microbial biotechnology,2012,5(3):403-414.

[42] BRODA E.Two kinds of lithotrophs missing in nature[J].Zeitschrift für allgemeine mikrobiologie,1977,17(6):491-493.

[43] MULDER A,VAN DE GRAAF A A,ROBERTSON L A,et al.Anaerobic ammonium oxidation discovered in a denitrifying fluidized bed reactor[J]. FEMS microbiology ecology,1995,16(3):177-184.

[44] VAN DE GRAAF A A,MULDER A,DE BRUIJN P,et al.Anaerobic oxidation of ammonium is a biologically mediated process[J].Applied and environmental microbiology,1995,61(4):1246-1251.

[45] VAN DE GRAAF A A,DE BRUIJN P,ROBERTSON L A,et al. Metabolic pathway of anaerobic ammonium oxidation on the basis of ^{15}N studies in a fluidized bed reactor[J].Microbiology(Reading,England),

1997,143(7):2415-2421.

[46] STROUS M, PELLETIER E, MANGENOT S, et al. Deciphering the evolution and metabolism of an anammox bacterium from a community genome[J].Nature,2006,440(7085):790-794.

[47] JETTEN M S M, WAGNER M, FUERST J, et al. Microbiology and application of the anaerobic ammonium oxidation ('anammox') process [J].Current opinion in biotechnology,2001,12(3):283-288.

[48] VAN DE GRAAF A A, DE BRUIJN P, ROBERTSON L A, et al. Autotrophic growth of anaerobic ammonium-oxidizing micro-organisms in a fluidized bed reactor[J].Microbiology,1996,142(8):2187-2196.

[49] STROUS M,FUERST J A,KRAMER E H M,et al.Missing lithotroph identified as new planctomycete[J].Nature,1999,400(6743):446-449.

[50] STROUS M.Microbiology of anaerobic ammonium oxidation[D].Delft: Delft University of Technology,2000.

[51] JETTEN J,SCHMITT M T,BRANSCOMBE N R,et al.Suppressing the negative effect of devaluation on group identification: the role of intergroup differentiation and intragroup respect [J]. Journal of experimental social psychology,2005,41(2):208-215.

[52] KARTAL B, VAN NIFTRIK L, RATTRAY J, et al. *Candidatus* 'Brocadia fulgida': an autofluorescent anaerobic ammonium oxidizing bacterium[J].FEMS microbiology ecology,2008,63(1):46-55.

[53] 郑平,张蕾.厌氧氨氧化菌的特性与分类[J].浙江大学学报(农业与生命科学版),2009,35(5):473-481.

[54] HU B L,ZHENG P,TANG C J,et al.Identification and quantification of anammox bacteria in eight nitrogen removal reactors[J].Water research, 2010,44(17):5014-5020.

[55] LIU S,YANG F,ZHENG G,et al.Application of anaerobic ammonium-oxidizing consortium to achieve completely autotrophic ammonium and sulfate removal[J].Bioresource technology,2008,99(15):6817-6825.

[56] KARTAL B, RATTRAY J, NIFTRIK L A V, et al. *Candidatus* "Anammoxoglobus propionicus": a new propionate oxidizing species of anaerobic ammonium oxidizing bacteria [J]. Systematic and applied

microbiology,2007,30(1):39-49.

[57] SCHMID M,TWACHTMANN U,KLEIN M,et al.Molecular evidence for genus level diversity of bacteria capable of catalyzing anaerobic ammonium oxidation[J].Systematic and applied microbiology,2000,23 (1):93-106.

[58] HONG Y G,LI M,CAO H L,et al.Residence of habitat-specific anammox bacteria in the deep-sea subsurface sediments of the South China Sea:analyses of marker gene abundance with physical chemical parameters[J].Microbial ecology,2011,62(1):36-47.

[59] FUCHSMAN C A,STALEY J T,OAKLEY B B,et al.Free-living and aggregate-associated planctomycetes in the Black Sea [J]. FEMS microbiology ecology,2012,80(2):402-416.

[60] SCHMID M,WALSH K,WEBB R,et al.*Candidatus* "Scalindua brodae", sp. nov., *Candidatus* "Scalindua wagneri", sp. nov., two new species of anaerobic ammonium oxidizing bacteria [J]. Systematic and applied microbiology,2003,26(4):529-538.

[61] KUYPERS M M M, SLIEKERS A O, LAVIK G, et al. Anaerobic ammonium oxidation by anammox bacteria in the Black Sea[J].Nature, 2003,422(6932):608-611.

[62] WOEBKEN D,LAM P,KUYPERS M M M,et al.A microdiversity study of anammox bacteria reveals a novel *Candidatus* Scalindua phylotype in marine oxygen minimum zones[J].Environmental microbiology,2008,10 (11):3106-3119.

[63] VAN DE VOSSENBERG J,WOEBKEN D,MAALCKE W J,et al.The metagenome of the marine anammox bacterium 'Candidatus Scalindua profunda' illustrates the versatility of this globally important nitrogen cycle bacterium[J].Environmental microbiology,2013,15(5):1275-1289.

[64] QUAN Z X,RHEE S K,ZUO J E,et al.Diversity of ammonium-oxidizing bacteria in a granular sludge anaerobic ammonium-oxidizing (anammox) reactor[J].Environmental microbiology,2008,10(11):3130-3139.

[65] JETTEN M S M,STROUS M,VAN DE PAS-SCHOONEN K T,et al. The anaerobic oxidation of ammonium[J].FEMS microbiology reviews,

1998,22(5):421-437.

[66] NAKAJIMA J,SAKKA M,KIMURA T,et al.Enrichment of anammox bacteria from marine environment for the construction of a bioremediation reactor[J].Applied microbiology and biotechnology,2008, 77(5):1159-1166.

[67] HULSHOFF POL L W,DE CASTRO LOPES S I,LETTINGA G,et al. Anaerobic sludge granulation[J].Water research,2004,38(6):1376-1389.

[68] TAY J H,LIU Q S,LIU Y.Microscopic observation of aerobic granulation in sequential aerobic sludge blanket reactor[J].Journal of applied microbiology, 2001,91(1):168-175.

[69] LIU Y,TAY J H.The essential role of hydrodynamic shear force in the formation of biofilm and granular sludge[J].Water research,2002,36(7): 1653-1665.

[70] LIU C L,YAMAMOTO T,NISHIYAMA T,et al.Effect of salt concentration in anammox treatment using non woven biomass carrier [J]. Journal of bioscience and bioengineering,2009,107(5):519-523.

[71] JETTEN M S M,SCHMID M,SCHMIDT I,et al.Improved nitrogen removal by application of new nitrogen-cycle bacteria [J]. Reviews in environmental science and biotechnology,2002,1(1):51-63.

[72] 唐崇俭,郑平,陈建伟,等.基于基质浓度的厌氧氨氧化工艺运行策略[J].化工学报,2009,60(3):718-725.

[73] 郑平,胡宝兰.厌氧氨氧化菌混培物生长及代谢动力学研究[J].生物工程学报,2001,17(2):193-198.

[74] 叶建锋,薄国柱.低碳源条件下厌氧氨氧化影响因素的研究[J].水处理技术,2006,32(9):30-33.

[75] 梁伟刚.厌氧氨氧化(Anammox)生物脱氮工艺在污泥水处理中的应用[J].净水技术,2011,30(3):44-46.

[76] HENDRICKX T L G,KAMPMAN C,ZEEMAN G,et al.High specific activity for anammox bacteria enriched from activated sludge at 10 ℃[J]. Bioresource technology,2014,163:214-221.

第 2 章 低温污水处理技术

2.1 优化运行工艺技术

我国北方地区冬季气温较低,污水温度一般不超过 15 ℃,其中生物处理系统因低温冲击导致运行不稳定,污染物去除率下降,出水难以达标[1],针对低温条件下污染物去除效果下降的问题,目前相对有效的优化运行工艺措施主要包括以下几种。

2.1.1 增加污泥回流比

污泥回流比是污泥回流与进水流量的百分比,其大小决定了装置各反应区污泥浓度的高低,进而影响系统的处理效果[2]。针对低温条件下脱氮效率低的问题,可以通过对污泥回流比的调整降低污泥负荷(F/M),进而提高冬季低温条件下污水处理厂的脱氮效率[3-5]。

2.1.2 延长污泥龄

污泥龄是影响污泥系统运行的重要参数,污泥龄的长短会对微生物的生长与繁殖造成一定影响,从而影响系统对污染物的去除效果[6]。污泥龄的提高是能在一定程度上弥补低温条件下处理效果不佳的重要强化措施[7]。现有研究证明[8],将污泥龄由 11.6 d 延长为 32.2 d 时可以提高冬季低温阶段化学需氧量(chemical oxygen demand,COD)、NH_4^+-N、总氮(total nitrogen,TN)的去除效果,硝化速率达到对照组的 3 倍,且亚硝化单胞菌属(*Nitrosomonas*)和硝化螺旋菌门(Nitrospira)丰度与对照组相比分别提高了 12 倍和 13 倍。Guo 等[9]研究了不同温度下间歇式同步硝化反硝化反应器的性能,通过延长曝气时间以及污泥龄,缓解了低温对同步硝化反硝化的影响[10]。但过长的污泥龄会减少系统中活性较高的微生物数量,从而导致去除污染物的菌群能力下降[11]。因此,低温脱氮应适当延长污泥龄。

2.1.3　控制溶解氧 DO 和污泥负荷

污水处理厂在实际运行中能够控制的理、化因素主要是溶解氧和污泥负荷，Karkman 等[12]指出，大部分硝化微生物在活性污泥法处理中均位于活性污泥的絮体内，所以可以通过加强 DO 进而增强氧对生物絮体的穿透作用，从而可以利用硝化细菌改善硝化的效果。在对商丘污水厂运行情况进行数值模拟分析时发现，以控制 DO 为 $1.95~g/m^3$ 为优化条件可以明显降低出水 TN[13]。Hu 等[14]也发现在低温条件下，增加 DO 的含量可以提高系统的硝化效果。但是 DO 过高则会导致活性污泥易于老化，污染物的去除效果也会降低[15]。

通过控制污泥负荷的研究发现，降低污泥负荷可以提高低温时的生物去除效率。崔萌等[16]将污泥负荷维持在 $0.1 \sim 0.14~kg/(kg \cdot d)$ 并在低温条件下进行研究，最终实现冬季污水厂稳定的 NH_4^+-N 去除。白晓慧等[17]也同样研究了低水温条件下实现高效硝化的运行控制条件，通过保持较高的污泥浓度，控制较低的污泥负荷[$<0.15~kg/(kg \cdot d)$]，硝化效果也可达到 80% 以上，并且有机物能较好地去除。还有学者研究了所有反应器的硝化反硝化性能，发现在 $10 \sim 15~℃$ 时都无明显差别，而当温度从 $7~℃$ 降至 $3~℃$ 时，需要同步降低 F/M 值，并将污泥负荷控制为 $0.07~kg/(kg \cdot d)$ 时可以实现良好的脱氮效果[18]。

2.1.4　控制混合液回流比

混合液回流比是曝气池混合液回流至厌氧池或缺氧池的流量与进水流量的比值，主要作用是脱氮除磷。混合液回流比过低有可能会增加系统硝态氮负荷，导致脱氮能力下降；回流比过高可能产生污泥龄过老而导致污泥上浮，甚至会破坏缺氧环境，抑制反硝化效果。张静静[19]通过低温条件下对不同混合液的回流比在 A^2O 工艺处理中发现，回流比从 100% 增加至 300% 后，出水的 TN 浓度逐渐降低，而混合液回流比增至 400% 后，出水 TN 浓度则增加，并且在低温条件下，出水 TP 浓度也出现相似的规律。因此，适当提高混合液回流比能有效地改善污染物的去除效果。

2.1.5　工艺改良

对污水处理工艺的改造和组合能在一定程度上解决低温条件下硝化效果差的问题。A^2O-MBR 的组合工艺既有膜生物反应器（membrane biological reactor，MBR）的技术优点，又能通过简便的工艺流程达到脱氮除磷的效果，并在一定程度上解决了冬季低温条件下脱氮除磷效果差的问题[20]。由于硝化速率在低温下会完全受阻，因此有研究在 C/N 比较低的池塘末端安装移动床生物膜反应器(moving bed biological reactor,MBBR),其相较于传统的活性污泥硝化速率提高了11%[21]。针对农场污水处理回用的工程中,采用冬季夏季双系统处理设施,根据不同温度及出水要求,使两套系统能够切换运行,夏季采用运行成本较低的人工湿地,冬季采用运行成本较高的曝气生物滤池,设计出水指标达到《城镇污水处理厂污染物排放标准》(GB 18918—2002)一级 A 标准[22]。

2.1.6 投加载体

为提高低温生活污水的生化处理效果,向活性污泥曝气池中投加载体,泥膜共生的复合式环境不仅具备了活性污泥法生物量大、抗冲击负荷能力强的特点,还兼具了反应器剩余污泥量少、动力消耗低、氧利用率高的优点,对低温污水的除污效能明显提高。通过在传统序批式活性污泥法 SBR 反应器中投加悬浮填料,形成兼具生物膜和传统 SBR 法优点的序批式移动床生物膜反应器(sequencing batch moving-bed biofilm reactor,SBMBBR),在低温条件下[(10±1)℃]对 TN 的去除率在研究的负荷范围内均超过了80%[23]。在使用固体载体研究中,发现在多级 AO 工艺的好氧区域添加双圈塑料环和纤维组成的组合填料,能够在低温条件下使出水 NH_4^+-N 和 TN 比无填料时分别降低了15.54 mg/L 和 10.41 mg/L,并达到一级 A 标准[24]。

2.2 化学药剂辅助处理技术

2.2.1 铝盐

污水化学除磷中投加的铝盐包括铝酸钠、氯化铝和硫酸铝等。其中硫酸铝产品价格低廉,使用广泛,市场上常见的硫酸铝产品有液态和粉末状两种,选择时常根据管理情况和运输费用来比较,但硫酸铝的投加会使污水中的碱度降低,可能会不利于整个系统后续的生物处理过程[25]。相比于硫酸铝来说,铝酸钠使用得较少,但是该产品可增加污水的 pH 值和碱度,所以有利于碱度较低的污水处理[26]。铝盐产生的密度较小的絮体形成的速度比铁盐要慢。而且,铝盐通过吸附电荷中和作用使其在混凝絮凝过程中具有更高的效率。聚合氯化铝(poly aluminum chloride,PAC),一种无机高分子混凝剂,在废水处理中也被广泛应用。

2.2.2 铁盐

硫酸亚铁、氯化亚铁和三氯化铁是污水化学除磷较为常用的铁盐。由于铁盐价格比铝盐便宜,固体沉淀中的磷酸铁无毒,并且铁盐还可以防止厌氧消化过程中的硫化氢排放,目前铁盐已成为污水处理厂除磷的主流化学药剂。铁盐辅助生物除磷工艺的主要作用机理是在酸性 pH 值范围内用铁的水解产物进行电荷中和,并在碱性 pH 值范围内被大量无定形沉淀物所包裹[27]。所以,当铁盐添加到水体中时,会水解产生大量水解产物[28],从而降低水体的 pH 值,随后在聚集过程中改变胶体物质的电荷和天然有机物的组织。

2.2.3　钙盐

钙盐一般包括石灰[$Ca(OH)_2$]和氯化钙($CaCl_2$)两种,它们作为除磷药剂时,易与水中的碳酸根发生沉淀反应而消耗部分钙盐,因此需要投加大于化学计量比的钙盐(如 Ca:P≥1.5)才能达到较好的除磷效果[29]。并且水中的磷酸根和碳酸根会发生竞争反应,生成的碳酸钙可作为增重剂,提高絮凝能力。不仅钙离子有沉淀作用,过量的 $Ca(OH)_2$ 还可以作为混凝剂对水中的磷进行凝聚吸附去除[30]。而且钙盐适用的 pH 值远远超出了大多数生物处理过程的最佳 pH 值范围。但是,使用钙盐需要在排放前进行水体软化和酸碱中和二次处理,会产生大量的化学污泥,可操作性差,投药基础设施的成本投入与运行维护费用较高。此外,钙盐除磷过程中可能产生大量 $CaCO_3$,造成构筑物池体结垢和曝气管堵塞等现象,影响系统稳定运行。

2.2.4　复合药剂

复合药剂是指由两种或两种以上的单一除磷剂经过一系列反应得到的新的物质。与单一除磷剂相比,复合药剂克服了单一除磷剂的不足,并充分发挥多种药剂的协同作用,提高了脱氮除磷效率[31]。复合除磷剂主要包括无机-无机复合除磷剂、无机-有机复合除磷剂。

无机-无机复合除磷剂主要是铝盐、铁盐和钙盐等除磷剂的复配,或是在聚铝、聚铁、聚硅酸等传统的无机高分子材料中引入其他活性离子(如 Al^{3+}、Fe^{3+} 等阳离子或 Cl^-、SO_4^{2-}、PO_4^{3-}、SiO_3^{2-} 等阴离子)制得的无机高分子复合除磷剂[32]。无机复合除磷剂兼具其单一除磷剂组分的优点并互相弥补不足,可提供大量的多羟基络合离子,电中和、吸附架桥和卷扫作用较强,形成絮体大,沉降速度快,pH 值适应范围广,价格低廉,除磷效率较高[33-34]。

无机-有机复合絮凝剂充分利用无机絮凝剂的高正电荷密度增强了电中和能力,并利用有机高分子絮凝剂的桥连作用,由于无机组分吸附微小悬浮颗粒成较大絮体,而有机高分子组分的亲电子集团和环状、链状结构则利于污染物进入絮体,通过桥连作用将大颗粒网捕沉降,进而提升了絮凝效果,价格也更加便宜,此外,由于投加量减少,残留在水中的有毒物质也相对少得多。无机-有机复合絮凝剂是复合絮凝剂中研究最多的,其中无机成分以铁盐、铝盐居多,有机成分以二甲基二烯丙基氯化铵及其共聚物居多[35]。

2.2.5 化学法与生物处理组合工艺

生物法广泛应用于污水处理过程中,但随着对出水总磷浓度的要求越来越高(总磷浓度<0.5 mg/L),常用的生物处理工艺很难达到需求。化学除磷具有对磷的去除率高、处理效果稳定,且化学沉淀后含磷污泥在后续处理处置过程中不会因磷的再次释放而造成二次污染等优点[36]。对需要同步脱氮除磷的生物处理工艺来说,碳源作为微生物的营养成分制约着生物脱氮除磷的效果。因此,当废水中易于生物降解的碳源不足时,将化学除磷与生物法进行组合,成为一种新的、经济有效的污水处理工艺。根据化学除磷剂的投加位置不同,可将化学除磷与生物处理的组合工艺分为前置化学除磷工艺、同步化学除磷工艺和后置化学除磷工艺 3 类。

2.3 微生物强化技术

2.3.1 投加高效耐冷菌

生物强化技术主要通过向污水处理系统中添加具有特定作用的微生物菌群,以实现污水生物高效去除。对于一般的污水处理系统,活性污泥中的微生物大多为嗜温菌,所以温度降低时会抑制细菌的活性,从而影响处理效果。因此,分离并筛选出高活性的嗜冷微生物能从根本上解决低温污水处理效果差的难题。根据对温度的适应范围不同,嗜冷微生物又可分为嗜冷菌(Psychrophiles)和耐冷菌(Psychrotrophs)。嗜冷菌只能在 20 ℃以下环境中生长,而耐冷菌在 0~40 ℃范围内均可生长,更适合用于污水生物处理中。

自从 1887 年 Forster 在 0 ℃环境中分离出耐冷微生物后,人们从不同地方陆续分离得到各种类型的耐冷菌。有研究表明[37],冬季低温时,在曝气池内投加耐冷复合菌群可以使 COD 去除率由 35% 提高到 89%,该项研究结果为寒冷地区冬季生活污水的处理提供了新的解决办法。由于低温微生物在污水生物处理系统中数量较少,因此,也需要通过分离筛选得到低温微生物或通过富集驯化得到低温混合菌群,再将其投加到污水生物处理系统进行低温生物强化。研究

发现,将筛选的两株污染物去除能力强、低温条件下活性高的深海耐冷菌
Pseudoalteromonas A3-10 和 *Photobacterium* D1-2 投加到好氧动态膜反应器
(aerobic dynamic membrane biological reactor, ADMBR)中,能够缩短反应器的
低温启动时间,低温(15 ℃以下)时的 COD、NH_4^+-N、TN 和 TP 去除率均高于
对照组,表明这两株菌对低温适应性良好,提高了活性污泥体系在低温下的脱氢
酶活性[38]。Tang 等[39]将耐冷菌 *Psychrobacter* TM-1、*Sphingobacterium* TM-2
和 *Pseudomonas* TM-3 等比例复合后投加到温度为 6~10 ℃的人工湿地系统,
结果表明 COD、NH_4^+-N、TN 和 TP 的去除率分别为对照组的 1.5 倍、2.0 倍、
2.2 倍和 1.3 倍,并且出水达到一级 A 标准。

2.3.2　固定化微生物强化技术

固定化微生物技术研究始于 1959 年,Hattori 等人[40]首次将大肠杆菌固定
在树脂载体上实现大肠杆菌的固定化。固定化微生物技术是在固定化酶的基础
上发展起来的,目前固定化微生物技术的研究和应用已趋于成熟。概括来说固
定化微生物技术是利用物理或化学手段将游离微生物限定在特定区域内,使其
高浓度密集、保持较高生物活性且可持续使用的一种新型生物工程技术[41]。常
用的固定化载体包括无机载体[42](陶粒、沸石和黏土等)、天然有机载体[43](植
物秸秆、丝瓜瓤等)、合成有机载体[44](聚氨酯、聚苯乙烯、碳纤维等)、新型载
体[45-47](缓释碳源载体、磁性载体、可生物降解多聚物载体等)。目前,微生物固
定化方法有吸附法、包埋法、共价耦联法和交联法。

我国北方地区冬季寒冷漫长,污水温度低于 10 ℃,严酷的气候条件导致微
生物的活性大大降低,很难保证常规生物处理工艺的效果。马立等人[48]采用聚
乙烯醇-硼酸包埋固定化耐冷菌,对低温生活污水中的 COD 的去除率较普通活
性污泥提高了 33%左右。通常低温条件下生活污水中的油脂处理效果较差,叶
姜瑜等人[49]将菌株固载于泥炭和木屑上,在 5 ℃条件下其对植物油的降解率显
著提升。此外,固定化微生物在低温河水净化和低温养殖废水脱氮过程中均取
得良好效果[50-51]。

2.3.3　投加微生物强化制剂技术

生物制剂是从自然界中筛选的优势菌种或通过基因组合技术生产出的高效
菌种,采用先进的生物技术和特殊的生产工艺制成的高效生物活性菌剂[52-54]。
生物制剂的组成可以概括为微生物、酶及一些保持微生物活性的物质。微生物
制剂在污水处理中作用显著,去除效果好,污泥产量少、性能好,同时能够使系统

启动时间缩短,提高系统的耐冲击负荷及稳定性[55]。

微生物菌剂通常由一种或多种通过自然或人工选育的微生物菌种(株)组成[56]。应用于生态环境保护和污染防治的复合微生物菌剂是将几种具有不同降解功能和具有共生关系的微生物按适当的比例组合配制而成。日本比嘉照夫教授于1983年研制了EM菌剂(effective microorganisms)[57],其主要由光合菌群、放线菌群、酵母菌群和乳酸菌群等10个属80多种功能微生物以适当比例混合培养发酵而成,由于其高效性、安全性和经济性等独特的优势,已被90多个国家广泛应用于种植业、养殖业及环境治理等领域[58]。微生物菌剂能够缩短低温污水处理系统启动时间,提高低温脱氮除磷效率及工艺运行稳定性。

2.3.4 投加共代谢基质

资料表明[59],向废水中添加易生物降解的有机碳,如葡萄糖,可显著改善废水的可生化性,其重要的原因是,易降解有机物与难降解有机物被微生物共代谢作用所利用。目前,共代谢作用包括以下3种情况[60]:一是微生物在代谢生长基质的过程中对非生长基质的转化;二是微生物的种间协同作用降解有机污染物;三是生长基质不存在时休眠细胞对非生长基质的代谢。

2.3.5 金属离子强化

金属阳离子对形成的颗粒污泥产生促进作用:首先,金属阳离子通过电中和作用来压缩细胞与细胞之间的电子双电层,降低它们的静电斥力,有助于细胞与细胞间在范德华作用力下相互吸附在一起;其次,金属阳离子还可以通过与微生物或胞外聚合物(extracellular polymeric substances,EPS)中的负电基团相互连接,从而在细胞间起到一种类似于桥连的作用,进而可以促进细胞与细胞之间的相互聚集;最后,金属可以被微生物吸收是由于金属阳离子与溶液中细胞表面的阴离子之间产生相互静电吸引[61]。在实际废水处理中,在厌氧颗粒污泥中,当进水中的二价金属离子(Ca^{2+}和Mg^{2+})浓度增加时,厌氧颗粒污泥的胞外聚合物含量随之增大,使微生物之间相互聚集更加有力,有助于厌氧颗粒污泥的形成。Van Niftrik等[62]提出Fe^{3+}能够提高反应器的脱氮效率,反应器最大去除率与Fe^{3+}浓度呈正相关关系。

参考文献

[1]尚越飞,王申,宗倪,等.污水生物处理工艺低温下微生物种群结构[J].环境

科学,2020,41(10):4636-4643.

[2] 刘云雪,吴建平,高建磊.污泥回流比对 A^2/O 工艺脱氮除磷效果的影响[J].工业用水与废水,2011,42(4):30-33.

[3] ROTHMAN M. Operation with biological nutrient removal with stable nitrification and control of filamentous growth[J]. Water science and technology,1998,37(4/5):549-554.

[4] 吴洋.低温期 A^2/O 工艺及 CAST 工艺生活污水处理厂运行参数的控制与优化[D].哈尔滨:东北农业大学,2018.

[5] 金羽.温度对 A^2/O 系统的影响特征及脱氮除磷强化技术研究[D].哈尔滨:哈尔滨工业大学,2013.

[6] 康晓菲,孙志才,田禹.SRT 对附着型蠕虫床处理效果影响的研究[J].哈尔滨商业大学学报(自然科学版),2012,28(2):158-161.

[7] SINKJÆR O,YNDGAARD L,HARREMOËS P,et al.Characterisation of the nitrification process for design purposes[J]. Water science and technology,1994,30(4):47-56.

[8] 裴湛.污水处理厂冬季硝化强化与微生物种群分析[J].中国环境科学,2017,37(9):3549-3555.

[9] GUO J B,ZHANG L,CHEN W,et al.The regulation and control strategies of a sequencing batch reactor for simultaneous nitrification and denitrification at different temperatures[J].Bioresource technology,2013,133:59-67.

[10] 张勇,王淑莹,赵伟华,等.低温对中试 AAO-BAF 双污泥脱氮除磷系统的影响[J].中国环境科学,2016,36(1):56-65.

[11] 秦晓荃,胡湾,杨明,等.低温下 SRT 对 SMBR 脱氮效果的影响研究[J].哈尔滨商业大学学报(自然科学版),2013,29(1):32-35.

[12] KARKMAN A,MATTILA K,TAMMINEN M,et al.Cold temperature decreases bacterial species richness in nitrogen-removing bioreactors treating inorganic mine waters[J]. Biotechnology and bioengineering,2011,108(12):2876-2883.

[13] 梁嘉斌,尤世界,张梓萌,等.低温条件下 AAO 工艺运行的数值模拟与优化分析[J].给水排水,2021,57(12):152-157.

[14] HU Z Y,LOTTI T,DE KREUK M,et al.Nitrogen removal by a nitration-

anammox bioreactor at low temperature [J]. Applied and environmental microbiology,2013,79(8):2807-2812.

[15] 张自杰.排水工程-下册[M].4 版.北京:中国建筑工业出版社,2000.

[16] 崔萌,马瑞芬.污水处理厂冬季运行中生物脱氮除磷效果的分析[J].中国给水排水,2016,32(4):72-76.

[17] 白晓慧,陈英旭,王宝贞.活性污泥法低温硝化及其运行控制条件研究[J].环境科学学报,2001,21(5):569-572.

[18] 韩洪军,黄集华,马文成.低温对于脱氮效果影响的试验研究[J].现代化工,2005,25(增刊):171-173,177.

[19] 张静静.低温条件下 A²/O 工艺污水处理效能及其微生物特性研究[D].哈尔滨:哈尔滨工业大学,2010.

[20] 张慧文,吴冰,戴晓虎.冬季 A²O-MBR 工艺启动及稳定运行研究[J].安徽农业科学,2013,41(20):8669-8671.

[21] HOANG V,DELATOLLA R,LAFLAMME E,et al.An investigation of moving bed biofilm reactor nitrification during long-term exposure to cold temperatures[J].Water environment research,2014,86(1):36-42.

[22] 庞长泷,马放,邱珊,等.寒冷地区中小型城镇污水的处理实用技术[J].环境科学与技术,2010,33(增刊 2):192-195.

[23] 邢秀娟,周律,方国锋.序批式移动床生物膜反应器处理低温污水研究[J].中国给水排水,2013,29(19):37-41.

[24] 赵宪章,董文艺,王宏杰,等.组合填料强化多级 AO 工艺处理低温污水脱氮效果[J].环境工程,2018,36(3):49-53.

[25] KLUTE R,HAHN H H.Chemical water and wastewater treatment Ⅲ: proceedings of the 6th Gothenburg Symposium 1994,June 20-22,1994, Gothenburg,Sweden[M].Berlin:Springer-Verlag,1994.

[26] PUNNONEN R,TEISALA K,KUOPPALA T,et al.Cytokine production profiles in the peritoneal fluids of patients with malignant or benign gynecologic tumors[J].Cancer,1998,83(4):788-796.

[27] YU W Z,GREGORY J,CAMPOS L C,et al.Dependence of floc properties on coagulant type,dosing mode and nature of particles[J]. Water research,2015,68:119-126.

[28] CHEN K Y,HSU L C,CHAN Y T,et al.Phosphate removal in relation to

structural development of humic acid-iron coprecipitates[J].Scientific reports,2018,8:10363.

［29］DE-BASHAN L E,BASHAN Y.Recent advances in removing phosphorus from wastewater and its future use as fertilizer（1997-2003）[J].Water research,2004,38(19):4222-4246.

［30］熊鸿斌,刘文清.钙法化学混凝处理高浓度含磷废水技术研究[J].水处理技术,2004,30(5):307-309.

［31］明瑞菲,胡晓龙,丁桑岚.改性除磷絮凝剂的研究进展[J].四川化工,2015,18(5):24-27.

［32］张正安,廖义涛,郑舒婷,等.絮凝剂分类及其水处理作用机理研究进展[J].宜宾学院学报,2019,19(12):117-120,124.

［33］杨开吉,姚春丽.高分子复合絮凝剂作用机理及在废水处理中应用的研究进展[J].中国造纸,2019,38(12):65-71.

［34］李静萍,李超,孔爱平,等.复合絮凝剂 PAFC-ST-AM 的制备及其对模拟废水除磷率的试验[J].化工进展,2010,29(10):1999-2002.

［35］姚彬,张文存,张玉荣,等.无机-有机高分子复合絮凝剂的研究进展[J].石化技术与应用,2018,36(5):347-352.

［36］陈华.化学沉淀法除磷和生物法除磷的比较[J].上海环境科学,1997(6):33-35.

［37］孟雪征,曹相生,姜安玺,等.利用耐冷菌处理低温污水的研究[J].山东建筑工程学院学报,2001,16(2):53-57.

［38］HUANG Z S,QIE Y,WANG Z D,et al.Application of deep-sea psychrotolerant bacteria in wastewater treatment by aerobic dynamic membrane bioreactors at low temperature[J].Journal of membrane science,2015,475:47-56.

［39］TANG M Z,LI Z T,YANG Y W,et al.Effects of the inclusion of a mixed *Psychrotrophic* bacteria strain for sewage treatment in constructed wetland in winter seasons[J].Royal society open science,2018,5(4):172360.

［40］HATTORI T,FURUSAKA C.Chemical activities of Escherichia coli adsorbed on a resin[J].Biochimica et biophysica acta,1959,31(2):581-582.

［41］王玫,刘艳.固定化微生物处理有机废水的初步研究[J].广州化工,2014,42(2):105-106.

［42］张小雄.固定化微生物技术在富营养化水体修复中的应用［J］.化工管理，2020(29)：21-22.

［43］WANG W B，WU Y Q.Combination of zero-valent iron and anaerobic microorganisms immobilized in luffa sponge for degrading 1，1，1-trichloroethane and the relevant microbial community analysis［J］.Applied microbiology and biotechnology,2017,101(2):783-796.

［44］刘昊臻.微生物固定化技术原位修复污染河道水体的研究［D］.哈尔滨：哈尔滨工业大学,2018.

［45］CHU L，WANG J.Comparison of polyurethane foam and biodegradable polymer as carriers in moving bed biofilm reactor for treating wastewater with a low C/N ratio［J］.Chemosphere,2011,83(1):63-68.

［46］ISMIL Z Z，KHUDHAIR H A.Biotreatment of real petroleum wastewater using non-acclimated immobilized mixed cells in spouted bed bioreactor ［J］.Biochemical engineering journal,2018,131:17-23.

［47］GIESE E C，SILVA D D V，COSTA A F M，et al.Immobilized microbial nanoparticles for biosorption［J］.Critical reviews in biotechnology,2020,40(5):653-666.

［48］马立,李亚选,刘俊良,等.固定化耐冷菌处理低温生活污水研究［J］.中国给水排水,2005,21(11):41-44.

［49］叶姜瑜,黄凌,张永莲,等.一株低温高效植物油降解菌的驯化筛选及固定化研究［J］.安全与环境学报,2012,12(2):41-44.

［50］吕晓冰,李茹莹.固定化微生物对低温河水脱氮效果的中试研究［J］.环境科学学报,2022,42(7):159-169.

［51］陈中祥,曹广斌,韩世成,等.低温硝化细菌固定化及其在水产养殖中的应用［J］.江苏农业科学,2012,40(12):244-246.

［52］冯树,周樱桥,张忠泽.微生物混合培养及其应用［J］.微生物学通报,2001,28(3):92-95.

［53］GLANCER-ŠOLJAN M，BAN S，DRAGIÈEVIÆT L，et al.Granulated mixed microbial culture suggesting successful employment of bioaugmentation in the treatment of process wastewaters［J］.Chemical and biochemical engineering quarterly,2001,15:87-94.

［54］林力,杨惠芳.生物整治技术进展［J］.环境科学,1997,18(3):67-71.

［55］孙竹龙.浅谈生物制剂在污水处理中的应用［J］.中国高新区,2017 (11):131.

［56］郭静波,陈微,马放,等.微生物菌剂的构建及其在污水处理中的应用［J］.中国给水排水,2013,29(15):76-80.

［57］李维炯,倪永珍.EM(有效微生物群)的研究与应用［J］.生态学杂志,1995, 14(5):58-62.

［58］ZHAO K N,XU R,ZHANG Y,et al.Development of a novel compound microbial agent for degradation of kitchen waste［J］.Brazilian journal of microbiology,2017,48(3):442-450.

［59］DOMENEK S,FEUILLOLEY P,GRATRAUD J,et al.Biodegradability of wheat gluten based bioplastics［J］.Chemosphere,2004,54(4):551-559.

［60］王家玲.环境微生物学［M］.2 版.北京:高等教育出版社,2004.

［61］ ENGIN G O, MUFTUOGLU B, SENTURK E. Dynamic biosorption characteristics and mechanisms of dried activated sludge and Spirulina platensis for the removal of Cu^{2+} ions from aqueous solutions［J］.Desalination and water treatment,2012,47(1/2/3):310-321.

［62］VAN NIFTRIK L,GEERTS W J C,VAN DONSELAAR E G,et al.Combined structural and chemical analysis of the anammoxosome:a membrane-bounded intracytoplasmic compartment in anammox bacteria［J］.Journal of structural biology,2008,161(3):401-410.

第3章 金属离子与信号分子对低温厌氧氨氧化效能影响试验研究

3.1 试验材料与方法

3.1.1 试验材料

3.1.1.1 试验药剂

试验中所用到的金属离子分别是 Fe^{2+}、Cu^{2+}、Zn^{2+}，它们分别由 $FeCl_2 \cdot 7H_2O$、$CuSO_4 \cdot 5H_2O$、$ZnSO_4 \cdot 7H_2O$ 标准试剂(分析纯)提供。AHLs 类信号分子物质(3-oxo-C8-HSL)购于 Sigma 公司，于 $-20\ ℃$ 保存。添加外源性的信号分子做试验时，将信号分子标准液进行稀释处理，并稀释到指定的浓度，然后随着进水进入反应器。

3.1.1.2 试验设备仪器

本试验用到的主要设备仪器列于表 3-1 中。

表 3-1 试验用主要设备仪器

名称	型号	厂商
电子天平	PTX-FA120	福州华志科学仪器有限公司
紫外可见分光光度计	T6 新世纪	北京普析通用仪器有限责任公司
电热鼓风干燥箱	GZX-9246MEB	上海博迅实业有限公司医疗设备厂
马弗炉	SX2-12-10	沈阳市长城工业电炉厂
恒温振荡培养箱	HZQ-X100	常州市华怡仪器制造有限公司
便携式 pH 计/电导率仪	SX823	上海三信仪表厂
800 离心沉淀器	800	常州市江南实验仪器厂
离心机	DM0412	—
数显恒温水浴锅	HH-4	常州中捷实验仪器制造有限公司

表 3-1(续)

名称	型号	厂商
蠕动泵	BT300M-YZ1515x	保定创锐泵业有限公司
数显温度计	XMD-200 型	上海瑞龙仪表有限公司
电子万用炉	DL-1	北京市永光明医疗仪器有限公司
生物显微镜	XS-213	—
LCD 数控加热型磁力搅拌器	MS-H-Pro+	大龙兴创实验仪器(北京)有限公司

3.1.1.3　试验用水

为了保证试验数据稳定可靠,整个试验过程进行人工配水,试验用水主要成分分别由 NH_4Cl 和 $NaNO_2$ 按需提供。进水中 $\rho(NH_4^+-N):\rho(NO_2^--N)$ 大致为 $1:1$,进水 $\rho(NH_4^+-N)$ 和 $\rho(NO_2^--N)$ 控制在 $80\sim240$ mg/L。$\rho(NaHCO_3)$ 为 1 000 mg/L,$\rho(MgSO_4 \cdot 7H_2O)$ 为 200 mg/L,$\rho(KH_2PO_4)$ 为 27.2 mg/L,$\rho(CaCl_2)$ 为 300 mg/L。每升模拟污水添加 1 L 微量元素 Ⅰ 和 Ⅱ。

微量元素 Ⅰ:EDTA 5 000 mg/L,$FeSO_4 \cdot 7H_2O$ 5 000 mg/L。

微量元素 Ⅱ:EDTA 5 000mg/L,$MnCl_2 \cdot 4H_2O$ 990 mg/L,$ZnSO_4 \cdot 7H_2O$ 430 mg/L,$NiCl_2 \cdot 6H_2O$ 190 mg/L,$CuSO_4 \cdot 5H_2O$ 250 mg/L,$CoCl_2$ 240 mg/L,$NaMoO_4 \cdot 2H_2O$ 220 mg/L,$Na_2SeO_4 \cdot 2H_2O$ 210 mg/L,H_3BO_4 14 mg/L。

3.1.1.4　接种污泥

在本试验当中,上流式厌氧污泥床 UASB 反应器中的接种污泥一部分是从二沉池取回来的新的回流污泥,其指标包括:混合液的悬浮固体的浓度(MLSS)约为 7 900 mg/L;混合液的挥发性悬浮固体的浓度(MLVSS)约为 4 000 mg/L;30 min 沉降率(SV_{30})为 30%±5%。另外一部分污泥来自实验室已经培养驯化成熟的厌氧氨氧化菌,NH_4^+-N 和 NO_2^--N 去除率均在 95% 以上。

3.1.2　试验装置及试验方法

3.1.2.1　批式试验

批式试验用于快速鉴定厌氧氨氧化菌活性。将一定量培养成熟的厌氧氨氧化颗粒污泥等份装入 150 mL 反应瓶中,并配制反应所需要的一定浓度的 NH_4^+-N 和 NO_2^--N 溶液,初始微生物浓度为 4.5 g/L。批式试验中,每个反应瓶中曝一定时长的氮气以降低水中的 DO,为防止空气进入,用橡胶塞密封,置于温度为 15 ℃、转速为 140 r/min 的振荡培养箱中,避光培养。

3.1.2.2　连续试验

本试验的连续流试验选用的装置是上流式厌氧污泥床（UASB）反应器，它的结构如图3-1所示。该反应器是由有机玻璃厂加工制作的，总有效体积为7.3 L，沉淀区有效体积为5.2 L，反应区体积为2.1 L。反应区内径为7 cm，外设2 cm厚套管实现水浴循环，控制反应区温度，外部用黑色的塑料泡沫包裹遮光。用氮气去除水中的氧气，进水流速通过控制蠕动泵的转速进行调控。采用增大 NH_4^+-N 和 NO_2^--N 浓度或者缩短水力停留时间 HRT 的方法提高进水氮负荷。进水桶中的水每隔1～2 d更换一次，避免进水桶中氮元素之间相互转换而使配水成分发生改变。

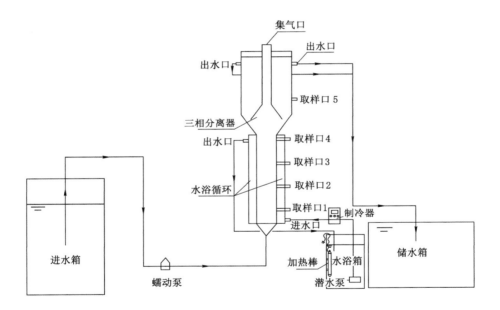

图 3-1　UASB 反应器装置示意图

厌氧氨氧化反应的最适温度一般为30～35 ℃，当水温低于15 ℃时，反应系统内菌种的活性发生了明显下降[1-3]，因此本研究将厌氧氨氧化反应的最适温度设定为30～35 ℃，最低温度设定为15 ℃。温度由加热棒装置和制冷装置实时控制。

3.1.3　测定项目及方法

3.1.3.1　水质指标分析及监测方法

常规水质指标的测定方法参照《水和废水监测分析方法》(第四版)[4]，详见表 3-2。

表 3-2　分析指标及方法

监测指标	方法	仪器
NO_2^--N	N-(1-萘基)-乙二胺光度法	紫外分光光度计
NH_4^+-N	纳氏试剂分光光度法	紫外分光光度计
NO_3^--N	紫外分光光度法	紫外分光光度计
TN	碱性过硫酸钾消解法	紫外分光光度计
DO	仪器法	便携式溶解氧测定仪
pH/ORP/cond	仪器法	便携式 pH 计/电导率仪
MLSS/MLVSS	称重法	烘箱/马弗炉
SV_{30}	沉降法	量筒
EPS	离心法	离心机

3.1.3.2　胞外聚合物提取及检测

（1）胞外聚合物的提取

胞外聚合物 EPS 的提取采用 NaOH 热提取法，具体方法如下：① 从 UASB 中取颗粒污泥的混合液 12 mL，随后用离心机进行 4 500 r/min 离心 15 min；② 离心之后取出污泥，加入一些生理盐水，然后再进行 4 500 r/min 离心 2 次，每次 15 min；③ 取出污泥，加入一些生理盐水，并向它的混合液中滴入 1 mol/L 的 NaOH，放入离心机当中，调节转速为 4 500 r/min，离心 15 min；④ 放入 80 ℃ 的水浴锅里，记录时间，在及时加热 30 min 后收集产生的 EPS，后在常温条件下降至常温；⑤ 上清液采用 0.45 μm 玻璃纤维滤膜过滤，收集，以备后用。

（2）蛋白质（PN）的检测

蛋白质测定采用考马斯亮蓝标准方法：取用 0.45 μm 玻璃纤维滤膜过滤后的溶液 1 mL 于试管中，向试管中加入 3 mL 考马斯亮蓝标准溶液，放置 15 min 后，放在波长为 595 nm 的分光光度计中测出吸光度值，根据标准曲线计算实际样品的浓度值。

（3）多糖(PS)的检测

多糖测定方法为蒽酮比色法，取用 0.45 μm 玻璃纤维滤膜过滤后的溶液 1 mL 于试管中，向试管中添加 6 mL 已配好的蒽酮溶液（置于冰箱冷藏保存），放入 100 ℃ 水浴锅中煮沸 15 min，再立即取出放在冰水中冷却 15 min，最后放入分光光度计中，将波长调到 625 nm 测量吸光度值，根据标准曲线计算实际样品的浓度值。

3.1.3.3 扫描电镜观察

通过扫描电子显微镜(SEM)对厌氧氨氧化颗粒污泥进行观察，了解厌氧氨氧化颗粒污泥中的菌种形态、数量以及表面结构。扫描电镜下厌氧氨氧化菌分布情况十分直观，可以具体了解细菌之间的分布规律。

扫描电镜样品制备方法和步骤详见文献[5]。

3.2 厌氧氨氧化快速启动和降温阶段试验研究

3.2.1 启动阶段活性污泥性能分析

3.2.1.1 启动过程氨氮与亚硝态氮浓度变化

厌氧氨氧化是在厌氧条件下将氨氮和亚硝态氮转化为氮气的一种生物反应过程，该法具有无须有机碳源、不需曝氧气、剩余污泥少等优点，具有较好的应用前景。然而，厌氧氨氧化菌是一种自养菌，生长很慢，世代时间也非常长。

因此，想要利用厌氧氨氧化工艺，必须实现厌氧氨氧化菌的快速富集以及加速厌氧氨氧化反应器的启动。很多研究表明，接种好氧污泥、厌氧污泥、硝化污泥等都可以实现厌氧氨氧化的启动。但是，从这些研究可以发现，接种好氧污泥能够快速出现厌氧氨氧化现象，但是细菌种类较多，厌氧氨氧化菌种数量并不是很多，而且富集厌氧氨氧化菌需要很长时间；而接种厌氧污泥，虽然启动时间较长，但是厌氧氨氧化菌种所占比例明显高于接种好氧污泥；接种一部分好氧污泥和一部分厌氧污泥既可以提高反应速度、缩短启动时间又可以提高厌氧氨氧化菌种的比例。因此，本试验通过接种一部分厌氧氨氧化颗粒污泥和一部分二沉池回流污泥的混合污泥以实现厌氧氨氧化的快速启动，并对厌氧氨氧化生长环境条件进行控制。

厌氧氨氧化启动阶段的进水调控见表 3-3。前 36 d 先进行厌氧氨氧化菌活性的恢复，然后从低浓度开始进行厌氧氨氧化的快速启动，通过逐步提高进水基质的浓度以及加快进水水流速度，提升进水负荷，加快厌氧氨氧化菌的富集。

表 3-3　启动阶段厌氧氨氧化反应器运行条件变化

时间	进水氨氮浓度 /(mg/L)	进水亚硝态氮浓度 /(mg/L)	HRT/h	温度/℃
第 1～36 天	160～180	160～180	8	35
第 36～105 天	80～90	80～90	5.53	35
第 105～168 天	80～90	80～90	8.56、4.57	35
第 168～190 天	80～100	100～120	4.28	35
第 190～227 天	100～120	100～140	4～5	35
第 227～250 天	120～160	140～240	4	35

在培养了成熟的厌氧氨氧化颗粒污泥后,考察低温胁迫条件下对菌种活性和沉降性的影响,同时结合污泥性状来更深入地研究厌氧氨氧化系统的变化情况,最后从增大厌氧氨氧化菌活性和沉降性的角度,对低温厌氧氨氧化进行强化研究。

反应器启动的前 36 d 进行厌氧氨氧化菌的培养,将温度控制在 35 ℃,并避光培养。对前一阶段培养成熟的厌氧氨氧化颗粒污泥进行活性恢复培养,进水氨氮浓度为 160～180 mg/L,氨氮去除率保持在 80％ 以上,进水亚硝态氮去除率保持在 98％ 以上。经过前一阶段的培养,试验培养菌种采用进水氨氮浓度：亚硝态氮浓度接近为 1∶1。

从第 36 天开始,经过 132 d 的培养,最终氨氮和亚硝态氮去除率稳定在 98％ 以上,实现了厌氧氨氧化反应器的快速启动,并使反应器保持较高而且稳定的脱氮效果。

（1）适应期（第 36～105 天）

第 36 天,向反应器加入 3 L 新的污泥,并加入实验室 UASB 反应器中培养成熟的厌氧氨氧化颗粒污泥 3 L,进行厌氧氨氧化的快速启动试验研究。因为刚加入的新泥中含有较为丰富的菌种,如硝化细菌和反硝化细菌等,所以反应初期降低了进水的氨氮和亚硝态氮浓度,使得进水氨氮浓度控制在 80～90 mg/L,进水亚硝态氮浓度调整为 80～90 mg/L,并缩短水力停留时间,使反应器中污泥进入初期适应阶段,而由于刚接种的新泥中包含前一阶段培养成熟的污泥,所以由图 3-2 可知反应器中氨氮去除率仍能保持在 70％～80％,亚硝态氮去除率保持在 60％～80％,呈现出两者按 1∶1 进行去除,可以看出虽然脱氮效果有所下降,但还能保持在 60％ 以上。随着反应的进行,反应器中的菌种逐渐地适应了

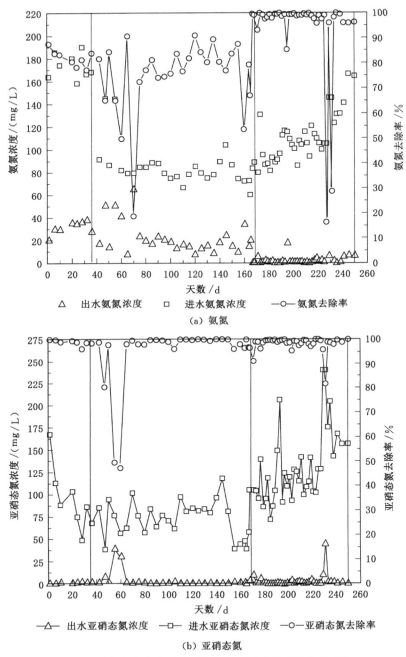

（a）氨氮

（b）亚硝态氮

图 3-2　厌氧氨氧化启动阶段氨氮与亚硝态氮去除效能变化

外部的环境,实现了反应器的高效脱氮。由于厌氧氨氧化反应是一个完全的厌氧反应,随着反应的进行,采用向反应器中通入氮气的方法排除进水中的溶解氧,使反应处于厌氧的环境,有利于厌氧氨氧化的进行,提高厌氧氨氧化菌的活性。第 105 天时,氨氮去除率达到 84%,亚硝态氮去除率达到 96%,可见亚硝态氮去除比较完全。

（2）活性提高期（第 105～168 天）

通过对出水氮浓度的测定结果,可以看出反应器中厌氧氨氧化菌活性的变化情况。随着反应的不断进行,反应器的脱氮效能逐渐提高,到第 105 天时,氨氮去除率已经达到 84%,且趋于稳定状态,亚硝态氮去除率达到 96%,基本被完全去除。由于正常进水氨氮浓度:亚硝态氮浓度为 1:1.32,本试验进水比例采用 1:1,所以亚硝态氮去除比较完全,而氨氮去除率略低。

第 105～168 天,氨氮去除率保持在 80%～90%,亚硝态氮去除率始终保持在 99% 以上。厌氧氨氧化过程消耗 H^+,由图 3-3 可知,出水 pH 值略高于进水 pH 值,随着反应的进行,出水 pH 值与进水 pH 值分离逐渐增大并保持稳定。在菌种活性提高阶段,pH 值保持在 7.6～8.2 的偏碱性环境,有利于厌氧氨氧化菌的生长。在第 168 天,氨氮去除率已经达到 99.2%,亚硝态氮去除率达到 99%。表明经过 132 天的快速培养,厌氧氨氧化菌种占据优势地位,实现了厌氧氨氧化的快速启动。

（3）活性稳定期（第 168～250 天）

在活性稳定期,继续提高进水氨氮和亚硝态氮浓度对厌氧氨氧化菌进行富集。反应器中污泥出现分层现象,共分为 2 层,下层为红色的厌氧氨氧化颗粒污泥,上层为黄褐色的絮状污泥。为了保证 UASB 反应器中厌氧氨氧化菌种的活性以及提高厌氧氨氧化菌种的数量,逐步提高进水氨氮和亚硝态氮浓度,并加快进水流速,提高反应器中氮负荷。为了提高氨氮的去除效果,此阶段控制进水氨氮浓度:亚硝态氮浓度约为 1:1.2。

第 168～190 天,控制进水氨氮浓度为 80～100 mg/L,进水亚硝态氮浓度为 100～120 mg/L,同时缩短水力停留时间从 4.57 h 变为 4.28 h,脱氮效果仍然很稳定,氨氮去除率保持在 97% 以上,亚硝态氮去除率保持在 98% 以上。为了使菌种能够适应处理实际污水,从第 168 天开始不再对反应器进行脱氧处理,但反应器的去除效率仍然很高,不受其影响。而且随着反应的进行,虽然厌氧氨氧化菌生长缓慢,但是厌氧氨氧化颗粒污泥在反应器中所占比例仍逐渐增大,黄褐色的絮状污泥逐渐转变为黄褐色的颗粒状污泥。第 190～227 天,进一步提高进水

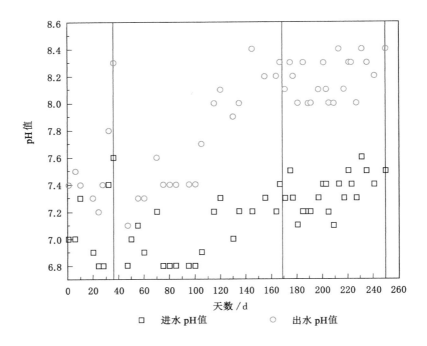

图 3-3　厌氧氨氧化启动阶段进出水 pH 值变化

的氨氮浓度为 100～120 mg/L、进水的亚硝态氮浓度为 100～140 mg/L,还调整了水力停留时间为 4～5 h,厌氧氨氧化活性污泥活性较好,氨氮和亚硝态氮去除率分别维持在 97％和 97％以上。第 227～250 天,提高进水氨氮浓度为120～160 mg/L,进水亚硝态氮浓度为 140～240 mg/L,还把水力停留时间减少为4 h,出水氨氮浓度为 0～7 mg/L,出水亚硝态氮浓度为 0～2 mg/L,氨氮的去除率维持在 96％以上,亚硝态氮的去除率维持在 98％以上,反应器脱氮效果维持稳定。随着反应的进行,厌氧氨氧化颗粒污泥在反应器中所占比例逐渐增大,黄褐色颗粒污泥逐渐转变为红色颗粒污泥。

　　由于进水氮浓度增大,厌氧氨氧化反应明显,产生大量厌氧氨氧化颗粒污泥上浮现象。但通过将上浮污泥进行“回收-打碎-重置”,厌氧氨氧化菌的聚集程度提升,表观上可观察到上浮颗粒污泥颜色为红色,而且颗粒粒径较大。通过对玻璃片进行挤压并在显微镜下观察发现,上浮的厌氧氨氧化颗粒污泥中含有大量的气泡,小颗粒之间相互黏附形成大颗粒,而且在高浓度进水条件下,颗粒中厌氧氨氧化菌代谢速率较快,EPS 分泌也较多,厌氧氨氧化反应明显,颗粒中产

生大量 N_2 排不出去,形成了气腔,并且在较高进水流速下,造成了颗粒污泥上浮现象。

3.2.1.2　启动阶段总氮负荷及去除率变化(图 3-4)

（1）适应期（第 36～105 天）

由于加入新泥,为了维持系统稳定,降低进水的氨氮和亚硝态氮浓度,总氮容积负荷降低至 0.75 kg/(m³·d)左右,总氮去除负荷为 0.5～0.7 kg/(m³·d)。与第 1～36 天相比,进水氨浓度降低,减少水力停留时间,使总氮容积负荷基本保持不变,总氮去除负荷基本不变。总氮去除率在刚开始阶段有所下降,在第 60 天时,总氮去除率下降至 44%。但在 60 天之后,总氮去除率逐渐提高至 70%～80%。

（2）活性提高期（第 105～168 天）

启动过程中,反应器总氮容积负荷从 0.5 kg/(m³·d)提高至 1.23 kg/(m³·d),反应器总氮去除负荷逐步从 0.40 kg/(m³·d)提高到 1.15 kg/(m³·d)。由于较长时间的培养,厌氧氨氧化菌逐渐适应进水负荷,活性得到提高。此时总氮去除率达到 85%左右。

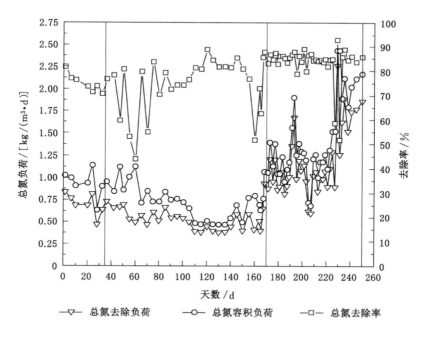

图 3-4　厌氧氨氧化启动阶段总氮负荷及去除率变化

（3）活性稳定期（第 168～250 天）

第 168～190 天,从第 168 天开始,进一步提高氨氮和亚硝态氮的进水浓度,控制进水氨氮浓度为 80～100 mg/L,进水亚硝态氮浓度为 100～120 mg/L,进水总氮容积负荷提高到了 1.0～1.4 kg/(m³·d),由于反应器脱氮效果已经趋于稳定,逐渐提升负荷并没有对厌氧氨氧化菌产生明显影响。总氮去除负荷在 0.8～1.2 kg/(m³·d),总氮去除率逐渐提高到 82%～87%。厌氧氨氧化菌的活性较为稳定。为了更好地富集厌氧氨氧化菌,在此后阶段逐渐提高进水氮负荷。

第 190～227 天,进一步提高进水氨氮与亚硝态氮的浓度,控制进水氨氮浓度为 100～120 mg/L,进水亚硝态氮浓度为 100～140 mg/L,相应的进水总氮负荷也在提高。总氮容积负荷提升到了 1.2～1.9 kg/(m³·d),总氮去除负荷在 0.9～1.2 kg/(m³·d),总氮去除率逐渐提高为 84%～89%。随着进水浓度的增大,反应器脱氮效果也逐渐提高,厌氧氨氧化菌的活性较为稳定。

第 227～250 天,提高了进水氨氮和亚硝态氮浓度,改变了进水氨氮浓度为 120～160 mg/L,调整进水亚硝态氮浓度为 140～240 mg/L,使得进水总氮负荷提高。总氮容积负荷提升到了 1.8～2.4 kg/(m³·d),总氮去除负荷维持在 1.5～2.2 kg/(m³·d),总氮去除率为 84%～92%。通过进水基质浓度的提升和 HRT 的缩短,反应器具有良好的脱氮效果,反应器中厌氧氨氧化菌不断富集,系统的脱氮效果较好,反应器运行稳定高效。

3.2.1.3 启动过程中化学计量比变化

化学反应计量比是反映厌氧氨氧化是否稳定运行的一项指标,据其可以分析出菌种在反应器中发生反应的情况,以及菌种是否处于优势地位。按照上述的反应式发现:理论上亚硝态氮消耗量:氨氮消耗量为 1.32∶1,而硝态氮产生量:氨氮消耗量为 0.26∶1。由化学计量比是否接近理论值可以反映出反应器中厌氧氨氧化的反应情况。由于反应系统中生物种类比较多,其中包含氨氧化菌、亚硝化菌和硝化菌等,因此也会存在化学计量比与理论值相偏差的情况。

由于本试验前期进水亚硝态氮浓度:氨氮浓度约为 1∶1,比理论值偏小,第 1～36 天,亚硝态氮消耗量与氨氮消耗量之比为 0.6～1.16,硝态氮产生量与氨氮消耗量之比为 0.02～0.08,两者都比理论值偏小,而且前者波动明显,并且产生硝态氮很少。

第 36～105 天,由于在第 36 天投加新的活性污泥和部分厌氧氨氧化菌的混合污泥,反应器中含有各种细菌,因此亚硝态氮消耗量与氨氮消耗量之比并不完全符合理论值,产生的硝态氮浓度很小。而且刚开始时亚硝态氮消耗量与氨氮消耗量之比为 0.47,硝态氮产生量与氨氮消耗量之比为 0.03,与理论值相比偏小。但随着反应的进行,亚硝态氮消耗量与氨氮消耗量之比逐渐增大至 0.8～1.2,硝态氮产生量与氨氮消耗量之比为 0.02～0.08,与理论值相比偏小。由图 3-5 可以看出,亚硝态氮和氨氮消耗量近似按 1∶1 进行,曲线波动不明显且趋于稳定。

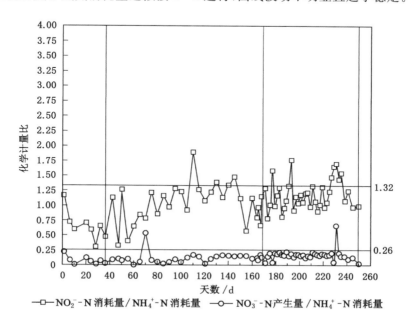

图 3-5　厌氧氨氧化启动阶段化学计量比变化

第 105～168 天,亚硝态氮消耗量与氨氮消耗量之比大致在 0.9～1.5,硝态氮产生量与氨氮消耗量之比为 0.02～0.17。由于该阶段运行比较稳定,分析认为由于氨氧化菌的存在,将反应系统中一部分氨氮转换为亚硝态氮,导致消耗的亚硝态氮较多,所以出现亚硝态氮消耗量与氨氮消耗量之比偏大的现象,而使得氨氮和亚硝态氮反应不完全,产生的硝态氮浓度很小,导致硝态氮产生量与氨氮消耗量之比较小。

第 168～190 天,亚硝态氮消耗量与氨氮消耗量之比大致在 1.0～1.3,硝态氮产生量与氨氮消耗量之比为 0.15～0.20。在此阶段,由于进入稳定阶段,亚硝态氮消耗量/氨氮消耗量和硝态氮产生量/氨氮消耗量这 2 个比值都逐渐趋于稳定,波动范围很小,可以认为厌氧氨氧化反应器运行稳定。

第 190～227 天,这个阶段提高了进水氮浓度,亚硝态氮消耗量与氨氮消耗量之比大致在 1.0～1.3,硝态氮产生量与氨氮消耗量之比为 0.15～0.18。在此阶段,比例接近 1.32 和 0.26,并且很稳定。可以看出,在活性稳定阶段,提高进水氮浓度并不影响反应器中厌氧氨氧化反应的进行,化学计量比与理论值越来越接近,厌氧氨氧化反应已经成为主导反应,且厌氧氨氧化菌具有较高的活性。

第 227～250 天,此阶段提高了进水氮浓度,亚硝态氮消耗量与氨氮消耗量之比大致在 0.9～1.6,硝态氮产生量与氨氮消耗量之比为 0.1～0.2。在此阶段,比例接近 1.32 和 0.26,亚硝态氮消耗量与氨氮消耗量之比略有偏大。分析原因认为,亚硝态氮消耗量大于氨氮消耗量,进水亚硝态氮浓度较大,由于进水中停止曝氮气后,发生亚硝化反应和硝化反应消耗剩余的亚硝态氮导致消耗亚硝态氮较多。可以看出,提高进水浓度并不影响反应器中厌氧氨氧化反应的进行,而且还能富集厌氧氨氧化菌,还可使厌氧氨氧化菌具有较高的活性。

3.2.1.4 启动过程中沉泥 MLSS、MLVSS 的变化分析

由图 3-6 可知,在反应的启动阶段,随着反应的进行,污泥 MLSS 在逐渐提高,MLVSS 也在逐渐提高。在适应期阶段,沉泥 MLSS 为 2 491.67 mg/L,MLVSS 为 1 433.33 mg/L,MLVSS/MLSS 为 0.575。随着反应的进行,系统脱氮效能逐渐提高,在活性提高期阶段,沉泥 MLSS 为 4 533.33 mg/L,MLVSS 为 3 575 mg/L,MLVSS/MLSS 为 0.789。在活性稳定期,沉泥 MLSS 为 9 291.67 mg/L,MLVSS 为 8 333.33 mg/L,MLVSS/MLSS 为 0.897。可以看出,随着反应的进行,MLSS、MLVSS 浓度提高,MLVSS/MLSS 在逐渐增大,说明在 UASB 反应器的启动过程中,随着进水浓度的增大,HRT 缩短,颗粒污泥之间的传质速率较快,使得 UASB 反应器底部厌氧氨氧化颗粒污泥的浓度逐渐增大且污泥活性也在提高。

3.2.1.5 启动过程中沉泥蛋白质、多糖的变化分析

由图 3-7 可知,在反应的启动阶段,随着反应的进行,胞外聚合物(EPS)浓度在逐渐提高,污泥中蛋白质(PN)含量逐渐提高、多糖(PS)含量逐渐下降。在适应期阶段,胞外聚合物中蛋白质含量极低,为 2.6 mg/g,多糖含量很高,为 35.24 mg/g,PS/PN 很大,为 13.55。在提高期阶段,胞外聚合物中蛋白质含量有所提高,提高至 30.48 mg/g,多糖含量降低至 23.16 mg/g,PS/PN 降低至 0.76。在活性稳定期,蛋白质含量提高至 119.43 mg/g,多糖含量降低至 12.80 mg/g,PS/PN 降低至 0.11。

可以看出,随着反应的进行,胞外聚合物(EPS)浓度在逐渐提高,蛋白质含量明显提高,多糖含量下降,PS/PN 在逐渐减小,说明在 UASB 反应器的启动过程中,随着进水总氮负荷增加,HRT 缩短,颗粒污泥间传质速率加快,底部厌氧

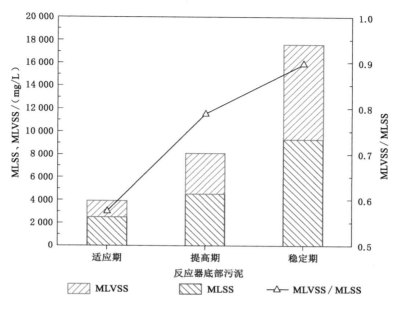

图 3-6　启动过程中 MLSS、MLVSS 变化

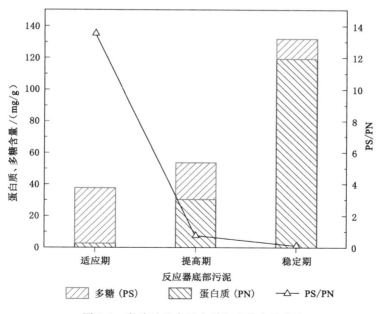

图 3-7　启动过程中蛋白质和多糖含量变化

氨氧化菌的活性较好,沉降性能也较好。但是由于代谢速度较快,导致厌氧氨氧化反应速度加快,EPS 含量增大较快,使小颗粒污泥相互黏附聚集,导致产生大量氮气无法排除,气泡是疏水性的,所以气泡更容易聚集在菌种之间,并使颗粒污泥整体密度变小,最终导致上浮。

3.2.1.6 启动过程中颗粒污泥形态

本阶段试验结束后,从反应器中取出厌氧氨氧化菌进行表观观察,其表观性状如图 3-8 所示。发现这样一个现象:上浮颗粒污泥数量很多,而且大部分为鲜红色,呈现出圆形或椭圆形形状,颗粒粒径在(2±1) mm。Molinuevo 等人[6]研究认为厌氧氨氧化菌的细胞内含有很多的细胞色素 C,可以使厌氧氨氧化菌呈现红色,红色越深说明厌氧氨氧化菌富集越成功。扫描电镜观察污泥(图 3-9)发现,污泥中以球状菌居多,含有少量杆状菌,颗粒表面凹凸不平,表面出现大量的孔洞、间隙,这些孔洞是由于未排出反应产生的氮气所形成,球状菌直径在 1 μm 左右。采用革兰氏染色法对菌种进行染色(图 3-10),染色后发现,菌种被染成粉红色,证明颗粒污泥是厌氧氨氧化菌,而且属于革兰氏阴性菌。

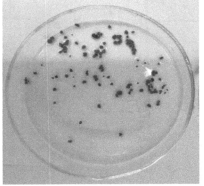

图 3-8 启动过程中颗粒污泥形态

3.2.1.7 启动过程中污泥上浮机理及控制策略

在活性提高期,出现了少量污泥上浮现象,氨氮去除率为(80±10)%,此时,总氮容积负荷为 0.5~1.23 kg/(m³·d),总氮去除负荷为 0.4~1.15 kg/(m³·d),上浮颗粒污泥为棕红色圆形颗粒状,尺寸在 2~3 mm,整体比未上浮颗粒污泥尺寸偏大。

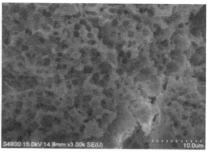

图 3-9　启动过程中厌氧氨氧化颗粒污泥扫描电子显微镜(SEM)成像

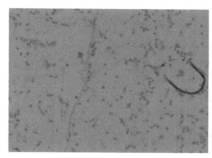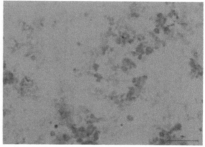

图 3-10　启动过程中厌氧氨氧化颗粒污泥显微镜照片

在活性稳定期,由于增大了进水氮负荷,减小了水力停留时间,加快了对氮的消耗速率,导致厌氧氨氧化菌产生大量氮气,氮气存在于颗粒之间无法释放出来,许多颗粒污泥就上浮了,悬浮在反应器顶部。这些上浮颗粒污泥呈现出鲜红色圆形小颗粒状,尺寸在 2 mm 左右,较活性提高期颗粒污泥尺寸偏小。

Chen 等[7]研究发现,污泥上浮是由于较高的容积负荷导致,且具有不可逆性。其利用膨胀颗粒污泥床反应器研究了高负荷下厌氧氨氧化过程中颗粒污泥上浮原因,发现当进水总氮负荷达到 4.0 kg/(m³·d)时,将引起颗粒污泥上浮并随出水流失。

有学者认为在反应的驯化阶段,颗粒粒径会逐渐变大,且上浮污泥数量明显增加。但是本试验中由于水力停留时间减小,上升水流剪切力增大,导致污泥受剪切力影响而大量上浮,而且上浮颗粒粒径较小。

污泥上浮的控制策略主要包括以下几种方式:① 控制菌种的粒径大小,

将反应器中上浮的颗粒污泥采用"收集-破碎-重置"的方法,释放出污泥中的气泡,使气泡溢出颗粒密度变大最终下沉;② 在 UASB 反应器中设置一个机械搅拌装置,使颗粒污泥内部以及表面的气泡释放出来,以减少上浮颗粒污泥的数量;③ 适当控制进水氮负荷,减少氮气和 EPS 的产生。

3.2.2 降温过程中活性污泥性能分析

厌氧氨氧化菌对温度变化十分敏感,大幅度降温将会使菌种活性明显下降,因此,本阶段研究采用逐渐降温的方式,将反应阶段根据温度设定为 4 个阶段,试验时间为 210 d,即第 Ⅰ 阶段(30 ℃)、第 Ⅱ 阶段(25 ℃)、第 Ⅲ 阶段(20 ℃)和第 Ⅳ 阶段(15 ℃),观察并监测降温过程对厌氧氨氧化反应脱氮性能、污泥活性及沉降性的影响。降温过程中厌氧氨氧化反应器运行条件变化如表 3-4 所示。

表 3-4 降温阶段厌氧氨氧化反应器运行条件变化

时间/d	进水氨氮浓度 /(mg/L)	进水亚硝态氮浓度 /(mg/L)	HRT/h	温度/℃
第 1~65 天	120~190	120~220	4~4.6	30
第 65~135 天	130~190	130~190	4.1	25
第 135~180 天	120~200	120~200	4.4	20
第 180~210 天	150~200	160~240	4.2	15

3.2.2.1 降温过程厌氧氨氧化脱氮性能变化

本阶段研究主要探讨降温过程对厌氧氨氧化反应器的影响,考察菌种活性及沉降性的变化情况。

(1) 第 Ⅰ 阶段(30 ℃)

在厌氧氨氧化反应器驯化出成熟的厌氧氨氧化颗粒污泥后,进行逐渐降温试验研究。由表 3-4 可知,第 Ⅰ 阶段将反应温度从 35 ℃ 降低至 30 ℃,试验时间为 65 d。该阶段控制进水氨氮浓度在 120~190 mg/L,控制进水亚硝态氮浓度在 120~220 mg/L,HRT 控制在 4~4.6 h。刚开始降温的前 5 d,由图 3-11 可知,氨氮去除率逐渐下降至 46%,亚硝态氮去除率逐渐下降至 74%。从第 5 天开始,氨氮和亚硝态氮去除率开始提升。第 14 天,由于取部分厌氧氨氧化颗粒污泥进行批式试验,反应器中厌氧氨氧化菌的数量变少,进水基质的浓度变大,测得的氨氮出水浓度为 67.8 mg/L,氨氮的去除率也降低到 64%;亚硝态氮出水浓度为 28.9 mg/L,亚硝态氮去除率降低至 83%。从第 16 天开始,氨氮和亚硝态氮去除率逐渐开始提升。第 16～65 天,厌氧氨氧化反应器脱氮效能逐渐提高,氨氮的去除率高达 90% 以上,亚硝态氮的去除率高达 96%～99%,出水氨氮的浓度基本维持在 1～17 mg/L,出水亚硝态氮浓度为 0.4～17 mg/L。与温度为 35 ℃阶段相比,30 ℃阶段仍持续增大进水氨氮和亚硝态氮浓度,而且出水浓度很低,氮去除率良好,基本保持稳定,所以将反应器温度调整为 30 ℃并不影响厌氧氨氧化菌的活性,厌氧氨氧化反应系统脱氮效能稳定。

(2)第 Ⅱ 阶段(25 ℃)

第 Ⅱ 阶段将温度从 30 ℃降低至 25 ℃,试验时间为第 65～135 天。有研究认为 25 ℃会影响厌氧氨氧化菌种活性,将本阶段的进水氨浓度调低许多,控制进水氨氮浓度变为 130～190 mg/L,进水亚硝态氮浓度变成 130～190 mg/L,水力停留时间控制为 4.1 h。由图 3-11 反映出,在刚开始降温的前 4 d,厌氧氨氧化菌出现对温度改变的不适应性,氨氮去除率从 91.7% 逐渐下降至 81.9%,亚硝态氮去除率为 99% 左右,此阶段由于进水氨氮浓度与亚硝态氮浓度之比调整为1:1,降低了进水亚硝态氮的浓度,所以有部分氨氮未反应完全,而亚硝态氮反应完全。但是从第 6 天开始,进水氨氮浓度和亚硝态氮浓度之比调整为 1:1.1,氨氮去除率逐渐提高至 96% 以上,亚硝态氮去除率变为 98% 以上。此阶段温度降低至 25 ℃,由于前期进行培养的时间很长,厌氧氨氧化菌的富集浓度很大且活性较高,未发现在 25 ℃条件下受到影响,反应器仍具有很高的脱氮效率。

(3)第 Ⅲ 阶段(20 ℃)

第 Ⅲ 阶段将反应器温度降低至 20 ℃,试验时间为第 135～180 天。由于 25 ℃时厌氧氨氧化反应器的脱氮效果良好,所以本阶段将进水氨浓度略微调高,控制进水氨氮浓度为 120～200 mg/L,进水亚硝态氮的浓度为 120～200 mg/L,HRT 更改变成 4.4 h。从本阶段试验结果(图 3-11)观察,厌氧氨氧化菌开始出现对温度改变的不适应性,但是并不是很明显,刚降温的第 1 天,氨氮去除率从 98.3% 下降至 91.1%,亚硝态氮去除率从 99% 下降至 98%,这个阶段由于进水的氨氮浓度和亚硝态氮浓度之比为 1:1,所以有一部分氨氮未参与反应,而亚硝态氮反应基本完全。随着反应的不断进行,氨氮去除率逐渐下降,最低降至 82%,亚硝态氮去除率一直维持在 99% 以上。此阶段温度降低至 20 ℃,厌氧氨氧化菌抵抗低温冲击较好,该温度条件下也未减弱活性,反应器脱氮效率还是特别高。

(4)第 Ⅳ 阶段(15 ℃)

第 Ⅳ 阶段将反应器温度降低至 15 ℃,试验时间为第 180～210 天。由于20 ℃ 并未显著降低厌氧氨氧化反应器的脱氮效果,本阶段将持续保持进水高

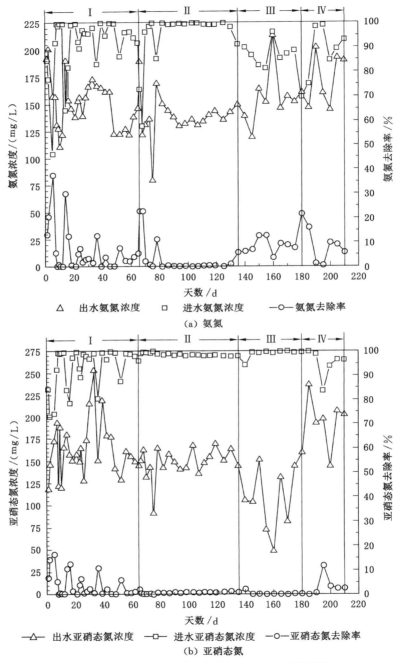

(a) 氨氮

(b) 亚硝态氮

图 3-11 厌氧氨氧化降温阶段氨氮与亚硝态氮去除效能变化

氮浓度培养菌种,控制进水氨氮浓度变为 150～200 mg/L,进水亚硝态氮浓度变为 160～240 mg/L,水力停留时间为 4.2 h。从本阶段试验结果(图 3-11)观察,刚开始降温的 5 d,菌种表现出对温度改变的不适应性,氨氮去除率从 88.7% 下降至 69.7%,出水氨氮浓度达到 48.4 mg/L;亚硝态氮去除率保持在 99%。从第 180 天开始,氨氮和亚硝态氮去除率有所提高。第 190 天,氨氮去除率高达 99.2%,而亚硝态氮去除率降低至 83%,可以观察到,由于进水浓度比的变化,使得出水浓度也发生变化。在反应的后几天,氨氮去除率下降至 84.7%～93%,亚硝态氮去除率为 93%～96%,与 25 ℃以上温度试验阶段相比,15 ℃条件下,厌氧氨氧化菌种受到影响,但反应器仍有 80% 以上的脱氮效率。还有原因分析认为,由于本反应器中接种 3 L 前一 UASB 反应器中培养成熟的厌氧氨氧化颗粒污泥,前一阶段颗粒污泥由于做过低温试验以及低温强化试验,所以该菌种有低温适应性。

降温阶段硝态氮浓度变化如图 3-12 所示。

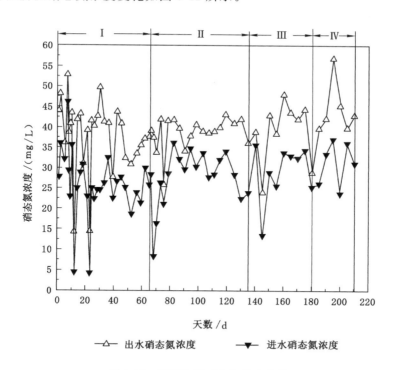

图 3-12　降温阶段硝态氮浓度变化

3.2.2.2 降温过程总氮负荷变化

(1) 第 I 阶段(30 ℃)

该阶段试验中,将氨氮负荷控制为 0.65~1.2 kg/(m³·d),亚硝态氮负荷控制为 0.6~1.4 kg/(m³·d),总氮容积负荷控制在 1.4~2.6 kg/(m³·d),从图 3-13 可以看出,总氮容积负荷和总氮去除负荷波动较大,且总氮去除率波动也比较明显,最终稳定在 85% 左右。从总氮去除率角度可以看出,厌氧氨氧化运行在降温前期并不是很稳定,经过一段时间的适应,厌氧氨氧化菌逐渐调整适应该温度,总氮去除率比较稳定,厌氧氨氧化菌活性较好,反应器脱氮效能稳定。从本阶段试验可以看出,厌氧氨氧化反应的最适温度为 30~35 ℃。在 30 ℃ 阶段,从进出水氮负荷、氮去除率也可以看出,在初期降温阶段,厌氧氨氧化菌有一段时间的不适应,但是经过一段时间的驯化培养,厌氧氨氧化菌逐渐适应并保持良好的活性。

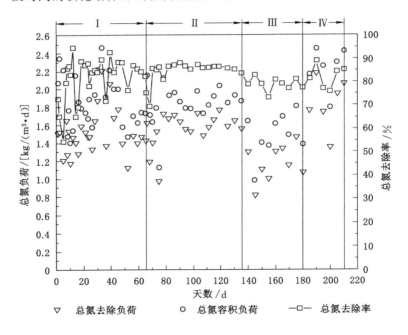

图 3-13 厌氧氨氧化降温阶段总氮负荷及去除率变化

(2) 第 II 阶段(25 ℃)

总氮容积负荷变为 1.6~2.2 kg/(m³·d),总氮去除负荷变为 1.2~1.8 kg/(m³·d),总氮去除率为 70%~89%。从总氮去除情况可以看出,在初期降温的前 4 d,总氮去除率从 82.5% 逐渐降低至 69.5%。经过 4 d 的适应,总氮去除率从 69.5％升高至 85.9％,之后一直保持稳定。可以看出,由于前期成功培养出厌氧氨氧化颗粒污泥,温度降低至 25 ℃并没有影响厌氧氨氧化菌的活性,最终总氮去除率稳定在 86％左右。

（3）第Ⅲ阶段（20 ℃）

本阶段试验中,进水总氮容积负荷维持在 1.0～1.9 kg/(m³·d),总氮去除负荷维持在 0.8～1.6 kg/(m³·d),总氮去除率为 79％～83％。与前一阶段相比,总氮去除率下降 3％～7％,且略有波动。由于前阶段厌氧氨氧化菌对低温环境已经开始逐渐适应,所以本阶段反应,虽然总氮去除率有所下降,但是厌氧氨氧化菌整体浓度依然比较大,可以抵抗低温带来的不适应性,并未对反应器造成比较大的影响。

（4）第Ⅳ阶段（15 ℃）

本阶段试验中,进水总氮容积负荷维持在 1.4～2.4 kg/(m³·d),总氮去除负荷维持在 1.1～2.2 kg/(m³·d),总氮去除率为 75％～89％。与前一阶段相比,总氮去除率波动较大,效果较差。由于培养时间较短,本阶段试验虽然前期总氮去除率仍然很高,但是后期厌氧氨氧化菌已经开始表现出对低温的不适应性,且由于进水氮负荷较大,使得厌氧氨氧化反应器脱氮效率变低。

在本阶段试验中,低温胁迫对厌氧氨氧化产生了影响。在 20 ℃阶段的试验中,厌氧氨氧化系统并没有受到较大冲击,氨氮和亚硝态氮去除率分别稳定维持在 91.1％和 98％左右。可以看出,20 ℃是本试验中厌氧氨氧化菌维持高活性的临界温度。本试验中培养的厌氧氨氧化菌生长的最适温度在 20～35 ℃,考虑到菌种经过了驯化,适应性更强,15 ℃也是可以进行厌氧氨氧化反应的,只是活性受到了抑制,脱氮效率变差。低于 15 ℃,菌种的活性受到严重抑制,脱氮效果很差。

3.2.2.3　降温过程化学计量比变化

（1）第Ⅰ阶段（30 ℃）

如图 3-14 所示,在刚开始降温的前 10 d,厌氧氨氧化菌不太适应新的温度,亚硝态氮消耗量/氨氮消耗量和硝态氮产生量/氨氮消耗量比值波动比较剧烈,前一阶段驯化出的成熟颗粒污泥使得菌种能够很好地适应环境,之后厌氧氨氧化菌一直保持着较高的活性,亚硝态氮消耗量/氨氮消耗量和硝态氮产生量/氨氮消耗量分别维持在 1.1 和 0.16 左右,相较于理论值 1.32 和 0.26 偏小,由于该阶段进水浓度氨氮：亚硝态氮为 1：1.1,可以看出进水中亚硝态氮浓度较小,所以亚硝态氮消耗量/氨氮消耗量较小,而且反应器中还存在其他菌种,导致硝态

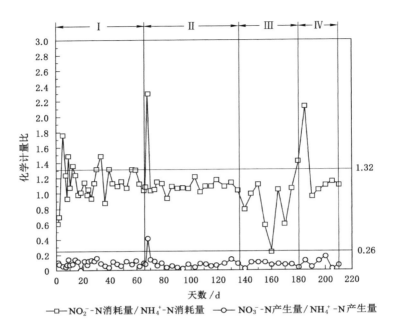

图 3-14　厌氧氨氧化降温阶段化学计量比变化

氮产生量也较小。

（2）第Ⅱ阶段（25 ℃）

如图 3-14 所示，在刚开始降温的前 4 d 的时间里面，由于厌氧氨氧化菌对温度改变非常的不适应，亚硝态氮消耗量/氨氮消耗量和硝态氮产生量/氨氮消耗量波动也很明显，亚硝态氮消耗量/氨氮消耗量升高到了 2.30、硝态氮产生量/氨氮消耗量升高至 0.41，亚硝态氮的消耗量比较大，硝态氮的生成量也比较大。此后，亚硝态氮消耗量/氨氮消耗量和硝态氮产生量/氨氮消耗量分别稳定在 1.1 和 0.14 左右。

（3）第Ⅲ阶段（20 ℃）

如图 3-14 所示，亚硝态氮消耗量/氨氮消耗量相较于前两个阶段波动幅度大，在 0.2～1.4 变化，而硝态氮生成量/氨氮消耗量基本维持稳定，保持在 0.14 左右。从化学计量比变化情况可以看出，20 ℃时反应器脱氮效能出现了明显的波动，分析认为厌氧氨氧化菌活性受到影响，氨氮和亚硝态氮去除率都有所下降。

（4）第Ⅳ阶段（15 ℃）

如图 3-14 所示，在前阶段试验过程中，亚硝态氮消耗量/氨氮消耗量波动幅度较大,厌氧氨氧化菌活性受到了严重的影响,本阶段前 4～5 d,亚硝态氮消耗量/氨氮消耗量升高至 2.13,硝态氮产生量/氨氮消耗量下降至 0.03。5 d 以后,亚硝态氮消耗量/氨氮消耗量稳定在 1.1 左右,硝态氮产生量/氨氮消耗量在0.02～0.17 波动。在本阶段试验中,可以看出厌氧氨氧化菌的活性受到了影响,系统的脱氮性能也开始下降。

3.2.2.4　低温(15 ℃)条件下和降温过程中 MLSS、MLVSS 及 MLVSS/MLSS
　　　　 的变化

低温(15 ℃)条件下 MLSS、MLVSS 及 MLVSS/MLSS 变化如图 3-15 所示。上浮颗粒污泥 MLSS 为 2 225 mg/L,小于下沉颗粒污泥 MLSS(3 683.33 mg/L);上浮颗粒污泥 MLVSS 为 1 566.67 mg/L,小于下沉颗粒污泥 MLVSS(3 458.33 mg/L);上浮颗粒污泥 MLVSS/MLSS 为 0.70,下沉颗粒污泥MLVSS/MLSS 为 0.939,从 MLVSS/MLSS 可以看出,下沉颗粒污泥的活性大于上浮颗粒污泥。沉泥中 MLVSS 所占比例明显高于浮泥,可见沉泥中有机物的含量高于浮泥;浮泥中产生的气泡较多,且长期上浮导致营养基质较少,代谢速度较慢,因此活性较差,脱氮效能不好。

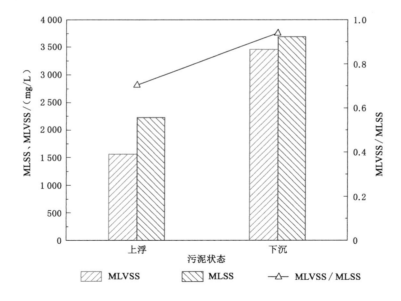

图 3-15　15 ℃时浮泥和沉泥 MLSS、MLVSS 及 MLVSS/MLSS 变化

在逐渐降温阶段中,随着反应的进行,在 35 ℃时,沉泥 MLSS 为 9 291.67 mg/L,MLVSS 浓度为 8 333.33 mg/L,虽然污泥浓度较低,但是 MLVSS/MLSS 为0.897,说

明有机物含量较高,污泥的活性较高。这是由于进水总氮容积负荷较大,HRT 较小,提高了污泥的生长代谢速度,导致污泥浓度增大。在 30 ℃时,沉泥中 MLSS 为 20 658.33 mg/L,MLVSS 为 18 200 mg/L,MLVSS/MLSS 为 0.881。在 25 ℃时,沉泥 MLSS 为 18 941.67 mg/L,MLVSS 为 16 775 mg/L,MLVSS/MLSS 为 0.886。在 20 ℃ 时,沉泥中 MLSS 为 19 650 mg/L,MLVSS 为 17 083.33 mg/L,MLVSS/MLSS 为 0.869。30 ℃、25 ℃、20 ℃测得的 MLVSS/MLSS 相差不大,颗粒污泥活性均较好。在 15 ℃时,沉泥中 MLSS 为2 941.67 mg/L,MLVSS 为 2 066.67 mg/L,MLVSS/MLSS 为 0.703,与之前温度阶段相比,MLVSS 和 MLSS 都下降很多,MLVSS/MLSS 下降也比较多,说明污泥中的有机物含量降低。从图 3-16 可知,在 20~35 ℃,污泥的活性未受到影响,也可以从之前的脱氮效能变化看出,20~35 ℃阶段具有很高的脱氮效能;在低温 15 ℃时,污泥的活性变差,系统脱氮效能也受到了影响。

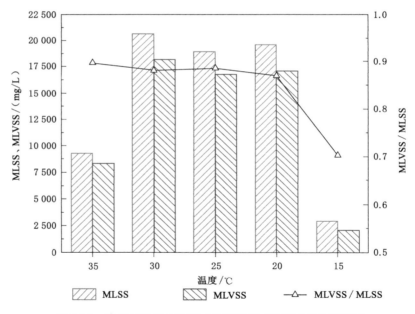

图 3-16　降温过程中 MLSS、MLVSS 及 MLVSS/MLSS 变化

3.2.2.5　低温(15 ℃)条件下和降温过程中蛋白质、多糖的变化

低温(15 ℃)条件下 PN、PS 及 PS/PN 变化如图 3-17 所示。上浮颗粒污泥蛋白质含量为 41.98 mg/g,下沉颗粒污泥蛋白质含量为 53.65 mg/g,可以看出,下沉颗粒污泥蛋白质含量高于上浮颗粒污泥。上浮颗粒污泥多糖含量为 104.3 mg/g,

下沉颗粒污泥多糖含量为 47.54 mg/g,可以看出,上浮颗粒污泥多糖含量明显高于下沉颗粒污泥。上浮颗粒污泥 PS/PN 为 2.48,下沉颗粒污泥 PS/PN 为0.89,下沉颗粒污泥 PS/PN 明显小于上浮颗粒污泥。这是由于上浮颗粒污泥长期处于营养基质较少的条件下,导致具有疏水性质的蛋白质含量下降,而蛋白质是酶的重要组成成分,导致上浮颗粒污泥中酶的活性下降,进而导致上浮颗粒污泥活性下降。而菌体在处于不利环境时,自身会分泌一种多糖类物质,导致具有亲水性质的多糖类物质含量明显增加,而多糖浓度增大对污泥活性以及沉降性均不利。

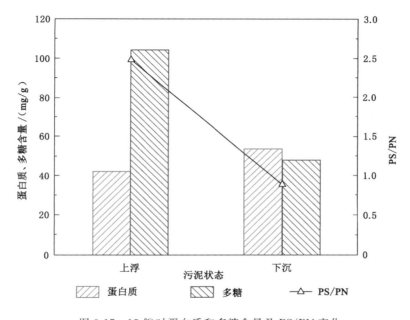

图 3-17　15 ℃时蛋白质和多糖含量及 PS/PN 变化

如图 3-18 所示,在逐渐降温过程中,随着反应的进行,胞外聚合物(EPS)浓度、蛋白质含量和多糖含量都呈现出先减小后增大的趋势,PS/PN 也逐渐增大。在 35 ℃时,蛋白质含量为 119.43 mg/g,多糖含量为 12.81 mg/g,PS/PN 为 0.107,EPS 中蛋白质含量较高,污泥的活性较高。在 30 ℃时,沉泥中蛋白质含量下降为 81.82 mg/g,多糖含量下降为 9 mg/g,PS/PN 为 0.110。在 25 ℃时,EPS 中蛋白质含量下降为66.25 mg/g,多糖含量下降为 7.97 mg/g,PS/PN 为 0.120。在 35 ℃、30 ℃、25 ℃测得的 PS/PN 相差不大,说明颗粒污泥活性和沉降性较好。不利环境条件下多糖产生量较多。在 20 ℃时,EPS 中蛋白质含量为 38.07 mg/g,多糖含量升高为10.94 mg/g,PS/PN 升高为 0.287。从 35 ℃逐渐降低至 20 ℃的过程中,

EPS 含量逐渐下降,但系统脱氮效能未受到影响,也具有很高的脱氮效率。在 15 ℃时,EPS 中蛋白质含量升高至 42.3 mg/g,多糖含量增大至 18.38 mg/g,PS/PN增大为0.435。在 15 ℃时,由于环境的刺激导致产生的 EPS 量较 20 ℃时多,其中多糖含量增大较多。

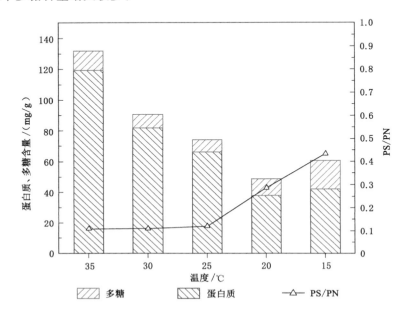

图 3-18   降温过程中蛋白质和多糖含量及 PS/PN 变化

从整体来看,随着温度的降低,蛋白质含量下降,多糖含量升高,PS/PN 逐渐增大。温度逐渐降低导致胞外聚合物中疏水性的蛋白质含量明显降低、亲水性的多糖含量明显增大,从而导致厌氧氨氧化菌的活性下降,也不利于颗粒污泥的沉降。但是由于温度降低,菌种的活性下降,导致菌种脱氮的能力下降,进而反应过程中产生的氮气量变小,使得上浮污泥数量变少。由于 15 ℃低温的刺激作用,促使细胞产生更多的胞外聚合物,使得小颗粒污泥相互黏附聚集成大颗粒,由此可以解释下文中介绍的颗粒污泥上浮数量明显减少和上浮颗粒污泥尺寸增大的现象。在逐渐降温的过程中,系统的脱氮效能没有显著的下降,但是也受到了低温的影响。

3.2.2.6   低温(15 ℃)条件下颗粒污泥形态和降温过程中颗粒污泥的粒径分析

本阶段试验结束后,从反应器中取出 15 ℃低温条件下运行的厌氧氨氧化颗粒污泥进行观察,其表观性状如图 3-19 所示。上浮颗粒污泥数量明显比 35 ℃

活性稳定期时减少很多,上浮颗粒粒径明显增大,为(3±1) mm。底部颗粒大部分呈现深红色。进行扫描电镜观察污泥(图 3-20)发现,污泥中以球状菌为主要的菌种,污泥的表面粗糙不平,并存在孔洞、间隙。细菌周围产生的胞外聚合物(EPS)明显增多,EPS 在颗粒污泥的形成过程中起到了关键的作用,被认为是细胞之间相互连接的桥梁,其可使菌种之间相互聚集、彼此相连,低温可以刺激菌种产生更多的 EPS 以保证自身免受外界低温的影响。

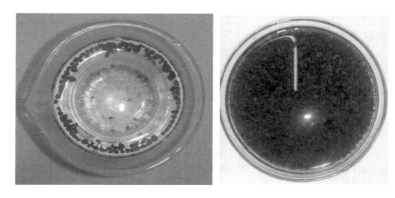

图 3-19　15 ℃时颗粒污泥形态

图 3-20　15 ℃时厌氧氨氧化颗粒污泥扫描电子显微镜(SEM)成像

由图 3-21 可知,在整个试验阶段,随着温度的降低,颗粒污泥粒径呈现出逐渐增大的趋势。从 35 ℃到 15 ℃,厌氧氨氧化菌在低温的刺激下,菌种产生大量 EPS,使颗粒之间相互聚集,增大颗粒污泥的尺寸,来抵抗低温胁迫对其的抑制作用,大粒径所占比例明显增大。虽然颗粒污泥的尺寸增大,但上浮颗粒污泥数量明显减少,而且厌氧氨氧化菌的活性受到了一定程度的抑制,脱氮效果有所下降。分析原因认为:在 15 ℃的低温胁迫下,菌种会通过增加 EPS 分泌量加强聚集来增大污泥粒径,但是菌种的活性受到了明显的抑制,使厌氧氨氧化菌代谢能力下降,导致系统脱氮效果变差。

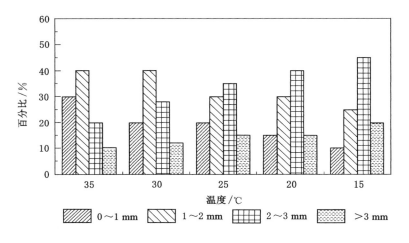

图 3-21　降温过程中颗粒污泥的粒径变化

3.2.2.7　低温条件下污泥上浮机理

在低温条件下,出现了上浮颗粒污泥数量明显减少的现象,该阶段氨氮去除率下降,亚硝态氮去除率保持不变,此时,TN 容积负荷为 $1.4\sim2.4$ kg/(m^3 · d),TN 去除负荷为 $1.1\sim2.2$ kg/(m^3 · d),上浮颗粒污泥整体比未上浮颗粒污泥尺寸大。

一方面,温度降低使酶的活性受到了抑制,导致菌种的活性下降,颗粒污泥对氮的消耗速率降低,氮气产生量下降,颗粒污泥生长迟缓,从而造成上浮颗粒污泥数量减少。另一方面,温度降低使厌氧氨氧化菌处于不利环境,刺激菌种产生大量 EPS,EPS 使小颗粒污泥相互黏附聚集成大颗粒,这就验证了上浮颗粒污泥尺寸变大的结论。但粒径较大的颗粒污泥中存在更多的气泡,所以仍有少量大颗粒污泥上浮。

3.3　低温胁迫下金属离子对厌氧氨氧化短期影响试验研究

3.3.1　金属离子对脱氮性能的短期影响

3.3.1.1　不同 Fe^{2+} 投加浓度对脱氮效能的短期影响

15 ℃时，Fe^{2+} 作用下氨氮、亚硝态氮浓度和去除率变化如图 3-22 和图 3-23 所示。由图可见，随着反应的进行，氨氮和亚硝态氮去除率逐渐提高。反应结束时，出水氨氮浓度为 1～2 mg/L，出水亚硝态氮浓度为 3～17 mg/L，氨氮去除率为 98%，亚硝态氮去除率为 97.69%。

第 I 阶段末，投加 Fe^{2+} 浓度为 0.16 mmol/L 时，出水氨氮浓度为 70.69 mg/L，去除率为 29.99%，比空白组提高了 6.7 个百分点；出水亚硝态氮浓度为 66.58 mg/L，去除率为 49.63%，比空白组提高了 4.3 个百分点。此时的去除效果最佳。

第 II 阶段末，每个反应瓶中氨氮和亚硝态氮去除效果都有所提高：投加 Fe^{2+} 浓度为 0.16 mmol/L 时，出水氨氮浓度为 43.26 mg/L，去除率为 57.16%；出水亚硝态氮浓度为 45.02 mg/L，去除率为 70.48%。去除效果为最佳。投加 Fe^{2+} 浓度为 0.08 mmol/L 时，出水氨氮浓度为 62.40 mg/L，去除率为 38.20%；出水亚硝态氮浓度为 68.48 mg/L，去除率为 48.20%。去除效果相对较差。

第 III 阶段末，投加 Fe^{2+} 浓度为 0.16 mmol/L 时，脱氮效果最好。投加 Fe^{2+} 浓度为 0.08 mmol/L 时，脱氮效果相对较差。投加 Fe^{2+} 浓度为 0.16 mmol/L 和 0.08 mmol/L 相比，氨氮去除率提高 17.26 个百分点，亚硝态氮去除率提高 19.91 个百分点。

第 IV 阶段末，投加 Fe^{2+} 浓度为 0.16 mmol/L 时，氨氮和亚硝态氮去除率分别达到 93.38% 和 88.12%，空白对照组氨氮和亚硝态氮去除率分别为 79.80% 和 75.18%，投加 Fe^{2+} 浓度为 0.16 mmol/L 与空白对照组相比，氨氮去除率提高 13.58 个百分点，亚硝态氮去除率提高 12.94 个百分点。

第 V 阶段末，氨氮和亚硝态氮去除率均达到 98% 和 88% 以上。

张蕾等[8]研究在 30 ℃ 条件下铁离子对厌氧氨氧化的影响，发现铁离子投加浓度从 0.03 mmol/L 升高至 0.075 mmol/L 后，可以提高厌氧氨氧化菌的基质转化能力，厌氧氨氧化菌对氨氮和亚硝态氮的最大去除速率分别为空白对照组数据的 1.8 倍和 1.6 倍，说明适当增加进水中金属离子的浓度将有利于厌氧氨氧化菌的生长。张黎等[9]通过投加 Fe^{2+} 发现，通过 210 d 的连续培养，当溶液中

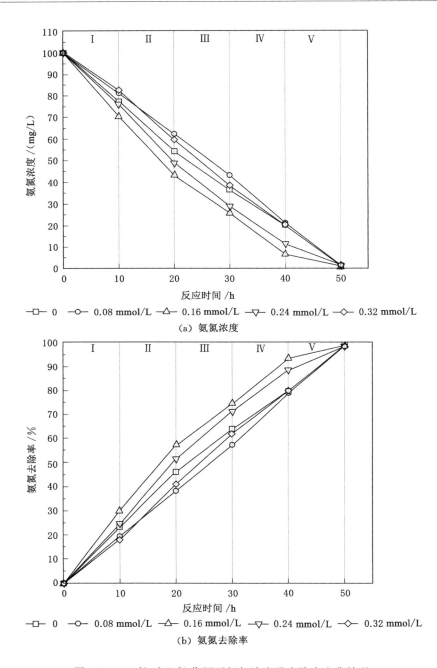

（a）氨氮浓度

（b）氨氮去除率

图 3-22　15 ℃时 Fe^{2+} 作用下氨氮浓度及去除率变化情况

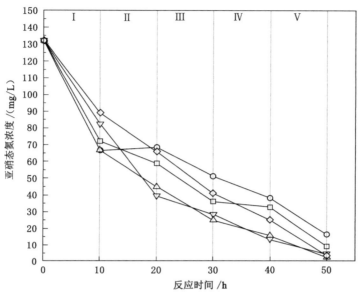

（a）亚硝态氮浓度

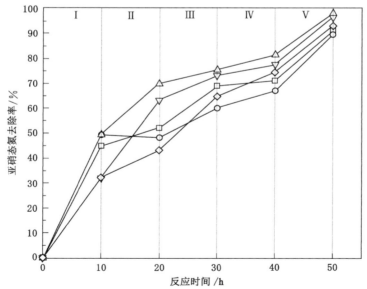

（b）亚硝态氮去除率

图 3-23　15 ℃时 Fe²⁺作用下亚硝态氮浓度及去除率变化情况

Fe^{2+} 浓度为 4.76 mg/L 时，氨氮转化率在 90％以上，并且添加 Fe^{2+} 可以增加亚铁血红素含量，并使菌群结构和形态趋于稳定。李祥等[10]通过短期试验研究发现，当进水铁离子浓度在 0～5 mg/L 时，铁离子浓度越大污泥活性越强。

综上所述，在 15 ℃低温条件下，投加 Fe^{2+} 浓度为 0.16 mmol/L 时，样品的脱氮效果最好，出水氨氮和亚硝态氮浓度最低，分别为 1.25 mg/L 和 3.22 mg/L，氨氮和亚硝态氮去除率分别达到 99％和 98％；投加 Fe^{2+} 浓度为 0.08 mmol/L 时，反应瓶中脱氮效果最差。由此可见，投加适宜浓度的金属离子可以促进厌氧氨氧化反应，提高菌种的活性；反之，则会抑制厌氧氨氧化菌种的活性。

3.3.1.2 不同 Cu^{2+} 投加浓度对脱氮效能的短期影响

15 ℃时，Cu^{2+} 作用下氨氮和亚硝态氮浓度和去除率变化如图 3-24 和图 3-25 所示。由图可见，随着反应的进行，脱氮效果逐渐提高。投加 Cu^{2+} 浓度为 0、0.05 mmol/L、0.1 mmol/L 的反应瓶中菌种活性较好，氮去除效果较好。投加 Cu^{2+} 浓度为 0.15 mmol/L、0.2 mmol/L 的反应瓶中菌种活性较差，出水氮浓度非常高，氮的去除效果也非常差。反应结束时，出水氨氮浓度为 2.4～65.8 mg/L，出水亚硝态氮浓度为 4.29～62.29 mg/L。

第 I 阶段末，投加 Cu^{2+} 浓度为 0.05 mmol/L 时，出水氨氮浓度为 79.54 mg/L，去除率为 21.22％，比空白对照组提高 7.07 个百分点；出水亚硝态氮浓度为 79.89 mg/L，去除率为 39.56％，比空白对照组提高 6.47 个百分点。

第 II 阶段末，5 个反应瓶中氨氮和亚硝态氮去除效果都有所提高。投加 Cu^{2+} 浓度为 0.05 mmol/L 时，出水氨氮浓度为 59.83 mg/L，去除率为 40.75％，比对照组提高 11.04 个百分点；出水亚硝态氮浓度为 57.07 mg/L，去除率为 56.83％，比对照组提高 12.71 个百分点。去除效果最佳。投加 Cu^{2+} 浓度为 0.15 mmol/L 时，出水氨氮浓度为 86.11 mg/L，去除率为 14.71％；出水亚硝态氮浓度为 92.57 mg/L，去除率为 29.97％。去除效果最差。

第 III 阶段末，投加 Cu^{2+} 浓度为 0.05 mmol/L 时，脱氮效果最好；投加 Cu^{2+} 浓度为 0.15 mmol/L 时，脱氮效果最差。投加 Cu^{2+} 浓度为 0.05 mmol/L 和投加浓度为 0.15 mmol/L 相比，氨氮去除率提高 40.74 个百分点，亚硝态氮去除率提高 36.45 个百分点。

第 IV 阶段末，投加 Cu^{2+} 浓度为 0.05 mmol/L 时，氨氮和亚硝态氮去除率分别达到 61.12％和 75.18％；投加 Cu^{2+} 浓度为 0.15 mmol/L 时，氨氮和亚硝态氮去除率分别为 17.50％和 40.56％。投加 Cu^{2+} 浓度为 0.05 mmol/L 比投加 Cu^{2+} 浓度为 0.15 mmol/L 时，氨氮去除率提高 43.62 个百分点，亚硝态氮去除率提高

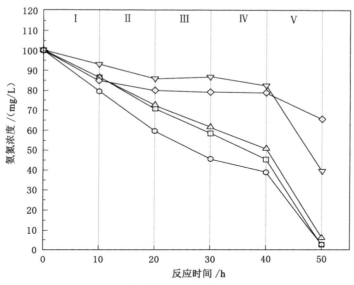

（a）氨氮浓度

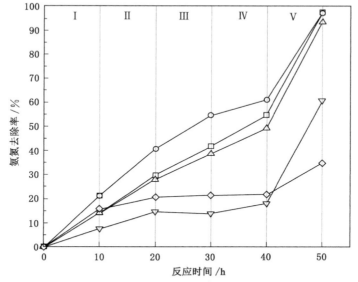

（b）氨氮去除率

图 3-24　15 ℃时 Cu^{2+} 作用下氨氮浓度及去除率变化情况

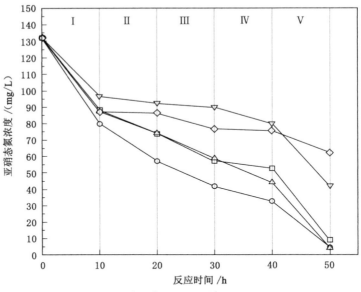

（a）亚硝态氮浓度

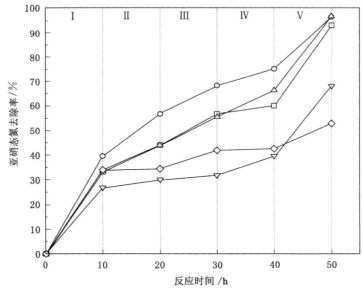

（b）亚硝态氮去除率

图 3-25　15 ℃时 Cu²⁺作用下亚硝态氮浓度及去除率变化情况

34.62 个百分点。

第 V 阶段末,空白对照组氨氮去除率为 97.62%,亚硝态氮去除率为 93.04%。投加 Cu^{2+} 浓度为 0.15 mmol/L 和 0.2 mmol/L 时,脱氮效果较差,氨氮去除率分别为 60.55% 和 34.80%,与空白对照组相比分别降低了 37.07 个百分点和 62.82 个百分点;亚硝态氮去除率分别为 68.10% 和 52.88%,与空白对照组相比分别降低了 24.94 个百分点和 40.16 个百分点。

荣宏伟等[11]通过投加 Cu^{2+} 进行研究,发现 Cu^{2+} 浓度为 0~5 mg/L 时对处理系统有机物的去除影响不大;当 Cu^{2+} 浓度达到 5 mg/L 时,对污泥活性具有一定程度的抑制。朱莉等[12]通过序批式试验研究了 Cu^{2+} 对厌氧氨氧化脱氮效能的影响,结果得出:Cu^{2+} 浓度小于 1 mg/L 时,认为增强了微生物的活性;Cu^{2+} 浓度在 1~10 mg/L 时,脱氮效能稳定;Cu^{2+} 浓度大于 10 mg/L 时,对厌氧氨氧化脱氮效能有抑制作用,且 Cu^{2+} 浓度越大,抑制效果越明显。李祥等[13]采用序批式试验进行厌氧氨氧化反应,结果表明,Cu^{2+} 对脱氮效能的影响可分为刺激、稳定和抑制 3 个阶段:当进水 Cu^{2+} 浓度为 0~1 mg/L 时,随着 Cu^{2+} 浓度的增加,微生物活性受到刺激,氮去除速率增大;Cu^{2+} 浓度为 1~8 mg/L 时,氮去除速率很稳定;Cu^{2+} 浓度大于 8 mg/L 时,Cu^{2+} 浓度增加越多,氮去除速率下降越多。在进行厌氧氨氧化菌长期培养过程中可以发现这样的问题,当进水 Cu^{2+} 浓度达到 4 mg/L 时厌氧氨氧化菌的活性受到抑制,说明在长期试验的过程之中投加的金属离子具有累积毒性作用,金属离子长期富集在菌种表面和内部,对细胞具有毒害作用,使得蛋白质变性失活,导致细胞内功能酶失活,最终导致细胞活性受抑制而不能维持正常的生长代谢而死亡,使系统脱氮效能下降。

综上分析认为:投加适宜浓度的 Cu^{2+} 刺激了菌种的活性,对厌氧氨氧化反应产生了促进作用;但是投加过量的 Cu^{2+} 则会抑制菌种的活性,明显降低脱氮效果。在 15 ℃ 低温条件下,投加 Cu^{2+} 浓度为 0.05 mmol/L 时,样品脱氮效果最佳,出水氨氮和亚硝态氮浓度最低,氨氮和亚硝态氮最终去除率分别达到 97.3% 和 96.4%;随着 Cu^{2+} 浓度的增大,厌氧氨氧化菌受到的抑制效果明显增强,使得样品脱氮效果明显变差,从最终脱氮效果可以看出,Cu^{2+} 浓度为 0.15 mmol/L 和 0.2 mmol/L 时氨氮去除率分别为 60.6% 和 34.8%,亚硝态氮去除率分别为 68.1% 和 52.9%,与其他 3 组相比脱氮速率较慢、脱氮效果较差。并且从整个反应过程来看,投加 Cu^{2+} 比投加 Fe^{2+} 脱氮效果差,而且投加 Cu^{2+} 时,氨氮和亚硝态氮去除不完全。

3.3.1.3　不同 Zn^{2+} 投加浓度对脱氮效能的短期影响

　　15 ℃时，Zn^{2+} 作用下氨氮和亚硝态氮浓度和去除率变化如图 3-26 和图 3-27 所示。由图可见，随着反应继续进行，脱氮效果逐渐提高。在整个反应过程中，空白对照组脱氮效果最好。反应结束时，出水氨氮浓度为 1.54～10.11 mg/L，出水亚硝态氮浓度为11.73～16.81 mg/L。

　　第Ⅰ阶段末，投加 Zn^{2+} 浓度为 0 时，出水氨氮浓度为 65.4 mg/L，去除率为 34.3％；出水亚硝态氮浓度为 85.01 mg/L，去除率为 35.69％。阶段Ⅰ结束时，空白对照组氮去除效果最好。

　　第Ⅱ阶段末，空白对照组出水氨氮浓度为 46.4 mg/L，去除率为 53.39％；出水亚硝态氮浓度为 55.17 mg/L，去除率为 58.27％，去除效果最佳。脱氮效果随着投加 Zn^{2+} 浓度的增大而逐渐变差，投加 Zn^{2+} 浓度为 0.16 mmol/L 时，出水氨氮浓度为 51.83 mg/L，去除率为 47.93％，比空白对照组降低 5.46 个百分点；出水亚硝态氮浓度为 59.29 mg/L，去除率为 55.15％，比空白对照组降低 3.12 个百分点。

　　第Ⅲ阶段末，空白对照组脱氮效果最好，投加 Zn^{2+} 浓度为 0.16 mmol/L 时脱氮效果最差。投加 Zn^{2+} 浓度为 0 和投加浓度为 0.16 mmol/L 相比，氨氮去除率提高 8.9 个百分点，亚硝态氮去除率提高 5.51 个百分点。

　　第Ⅳ阶段末，空白对照组氨氮和亚硝态氮去除率分别达到 90.7％和 86.69％；投加 Zn^{2+} 浓度为 0.16 mmol/L 时，氨氮和亚硝态氮去除率分别为 81.8％和 84.53％。投加 Zn^{2+} 浓度为 0 与投加浓度为 0.16 mmol/L 相比，氨氮去除率提高 8.9 个百分点，亚硝态氮去除率提高 2.16 个百分点。

　　第Ⅴ阶段末，空白对照组氨氮去除率为 98.45％，亚硝态氮去除率为 89.8％。氨氮去除效果随投加 Zn^{2+} 浓度增大而变差，投加 Zn^{2+} 浓度为 0.16 mmol/L 时，氨氮去除率为 90.4％；而亚硝态氮去除率相差不大，去除率为 87.2％～91.1％。

　　综上所述，在 15 ℃低温条件下，投加 Zn^{2+} 浓度为 0 时，样品脱氮效果最好，出水氨氮和亚硝态氮浓度最低，氨氮和亚硝态氮去除率分别为 98.45％和 89.80％。投加不同浓度的 Zn^{2+} 与空白对照组曲线形式基本一致，且相差范围并不明显，可以认为投加 Zn^{2+} 并不能提高厌氧氨氧化菌活性，并且与投加 Fe^{2+} 相比，最终氮去除也不完全。

　　巫川等[14]通过序批式试验的方法，直接加入厌氧氨氧化污泥进行试验，研究了 Zn^{2+} 的加入对厌氧氨氧化的脱氮效能产生的影响。研究结论是：当投加 Zn^{2+} 浓度小于 2 mg/L 时，菌种的活性有所提高，可增强反应的脱氮效能；当投

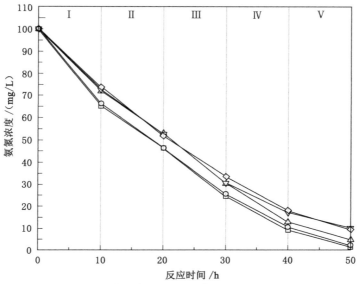

（a）氨氮浓度

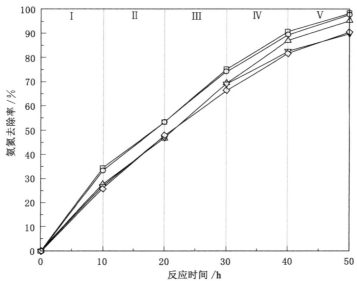

（b）氨氮去除率

图 3-26　15 ℃时 Zn^{2+} 作用下氨氮浓度及去除率变化情况

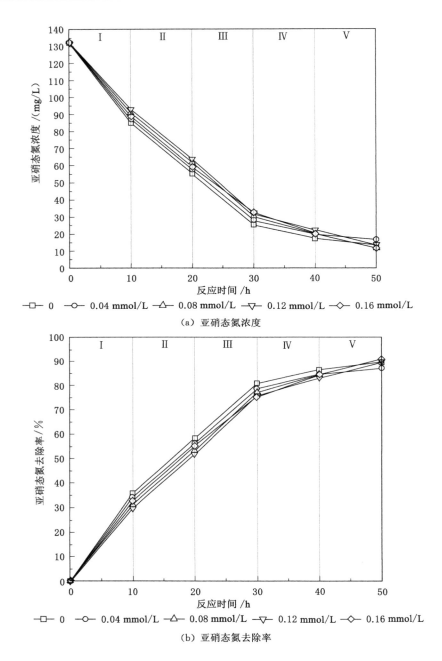

（a）亚硝态氮浓度

（b）亚硝态氮去除率

图 3-27　15 ℃时 Zn²⁺ 作用下亚硝态氮浓度及去除率变化情况

加 Zn^{2+} 浓度在 2～4 mg/L 时,系统脱氮效能无明显变化,说明对菌种活性无明显的影响;当投加 Zn^{2+} 浓度大于 4 mg/L 时,对菌种的活性产生抑制作用,投加 Zn^{2+} 浓度越高,抑制效果就越明显。但本试验并未发现在低温条件下投加 Zn^{2+} 有促进作用,可能与 15 ℃低温使得厌氧氨氧化菌活性降低有关。

分析认为,在投加 Fe^{2+}、Cu^{2+}、Zn^{2+} 3 种金属离子试验中,投加 Fe^{2+} 反应瓶中脱氮效果最好,当投加 Fe^{2+} 浓度为 0.16 mmol/L 时,厌氧氨氧化菌活性最好,脱氮效率最高。

3.3.2　金属离子对电导率的短期影响

3.3.2.1　Fe^{2+} 对电导率的短期影响

15 ℃时,Fe^{2+} 作用下电导率的变化如图 3-28 所示。在该试验中,反应总共分为 5 个阶段共 50 h,每个反应阶段为 10 h,在每个阶段结束时测定反应瓶中的电导率值。由图可见,随着反应的进行,电导率值逐渐降低后趋于稳定。投加 Fe^{2+} 浓度为0.16 mmol/L 的电导率值在反应过程中始终处于最低。反应结束时,该反应瓶中的出水电导率值为 2.2 mS/cm。

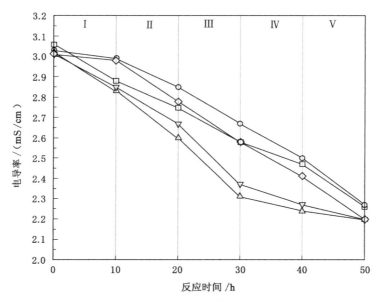

图 3-28　15 ℃时不同浓度 Fe^{2+} 对电导率的影响

反应开始时,各反应瓶中电导率基本相同,为(3.03±0.02) mS/cm。在第 Ⅰ 阶段末,投加 Fe^{2+} 浓度为 0.16 mmol/L 的反应瓶中电导率下降最快,降低至 2.83 mS/cm,下降了 0.19 mS/cm;投加 Fe^{2+} 浓度为 0.32 mmol/L 的反应瓶中电导率下降最慢,仅下降了 0.03 mS/cm。在第 Ⅱ 阶段末,投加 Fe^{2+} 浓度为 0.16 mmol/L 的反应瓶中电导率下降最快,比前一阶段下降了 0.23 mS/cm;投加 Fe^{2+} 浓度为 0.08 mmol/L 的反应瓶中电导率值最大,与 0.16 mmol/L 的反应瓶中电导率相差了 0.25 mS/cm。第 Ⅲ 阶段末,投加 Fe^{2+} 浓度为 0.16 mmol/L 的反应瓶中电导率值最小,投加 Fe^{2+} 浓度为 0.08 mmol/L 的反应瓶中电导率值最大,两者相差 0.36 mS/cm。第 Ⅳ 阶段末,各反应瓶中电导率差距逐渐变小,并且电导率斜率逐渐变小,投加 Fe^{2+} 浓度为 0.16 mmol/L 的反应瓶中电导率值最小。第 Ⅴ 阶段末,5 个反应瓶中电导率值降低至 2.20～2.27 mS/cm。

综上所述,在整个反应过程中,在 15 ℃ 低温条件下,投加 Fe^{2+} 浓度为 0.16 mmol/L 的反应瓶中电导率下降最快,在各阶段末测得的电导率值最小,说明出水溶液中的杂质最少,溶解性总固体(total dissolved solids,TDS)最小,盐分最小,厌氧氨氧化菌的活性最好,去除水中的氨氮和亚硝态氮的效果最好。

3.3.2.2 Cu^{2+} 对电导率的短期影响

15 ℃ 时 Cu^{2+} 作用下电导率的变化如图 3-29 所示。由图可见,随着反应的进行,电导率值逐渐降低。在反应过程中,投加 Cu^{2+} 浓度为 0.05 mmol/L 时,电导率始终处于最低。反应结束时,该反应瓶中的出水电导率值为 2.15 mS/cm。

反应刚开始,各反应瓶中的电导率基本相同,为(3.02±0.04) mS/cm。在第 Ⅰ 阶段末,投加 Cu^{2+} 浓度为 0.05 mmol/L 和空白对照组的反应瓶,电导率下降最快,分别降低至 2.91 mS/cm 和 2.98 mS/cm,均下降了 0.08 mS/cm,其余 3 个反应瓶中电导率值基本不变。在第 Ⅱ 阶段末,电导率值差距变大,投加 Cu^{2+} 浓度为 0.05 mmol/L 的反应瓶中电导率下降最快,比前一阶段下降了 0.16 mS/cm;投加 Cu^{2+} 浓度为 0.15 mmol/L 的反应瓶中电导率值最大,比投加 0.05 mmol/L 反应瓶中的电导率大了 0.27 mS/cm。第 Ⅲ 阶段末,电导率值差距继续变大,投加 Cu^{2+} 浓度为 0.05 mmol/L 的反应瓶中电导率值最小,为 2.61 mS/cm,投加 Cu^{2+} 浓度为 0.15 mmol/L 的反应瓶中电导率值最大,为 2.97 mS/cm,两者相差了 0.36 mS/cm。第 Ⅳ 阶段末,各反应瓶中电导率差距继续增大,投加 Cu^{2+} 浓度为 0.05 mmol/L 的反应瓶中电导率值最小,为 2.51 mS/cm;投加 Cu^{2+} 浓度为 0.15 mmol/L 的反应瓶中电导率值最大,为 2.96 mS/cm。第 Ⅴ 阶段末,5 个反应瓶中电导率值相差最大,投加 Cu^{2+} 浓度为 0.15 mmol/L 和 0.2 mmol/L 的两个反应瓶中的电导率值比其余

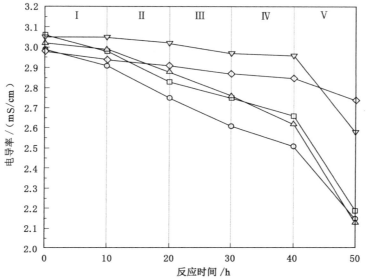

图 3-29　15 ℃时不同浓度 Cu^{2+} 对电导率的影响

3 个反应瓶中的电导率值大很多,最大相差 0.61 mS/cm。

　　综上所述,在整个反应过程中,在 15 ℃低温条件下,随着反应的进行,电导率值差距逐渐增大。投加 Cu^{2+} 浓度为 0.05 mmol/L 的反应瓶中电导率下降得最快,电导率值最小,说明出水溶液中的杂质最少,厌氧氨氧化菌的活性最好,去除水中的氨氮和亚硝态氮的效果最好;投加 Cu^{2+} 浓度为 0.15 mmol/L 和 0.2 mmol/L 的反应瓶中电导率随着反应的进行下降很慢,电导率值较大,说明出水溶液中的杂质很多,TDS 较大,盐分较大,导致去除水中的氨氮和亚硝态氮的效果很差。

3.3.2.3　Zn^{2+} 对电导率的短期影响

　　15 ℃时,Zn^{2+} 作用下电导率的变化如图 3-30 所示。由图可见,随着反应的进行,电导率逐渐降低。在反应过程中,投加 Zn^{2+} 浓度为 0 时,电导率始终处于最低。反应结束时,该反应瓶中出水电导率值为 2.01 mS/cm。

　　在反应开始时,各反应瓶中电导率值基本相同,为(2.78±0.04) mS/cm。第 Ⅰ 阶段末,5 个反应瓶中电导率均下降 0.1 mS/cm 左右;第 Ⅱ 阶段末,空白对照组反应瓶中电导率值下降最快,电导率值为 2.51 mS/cm,其余 4 个反应

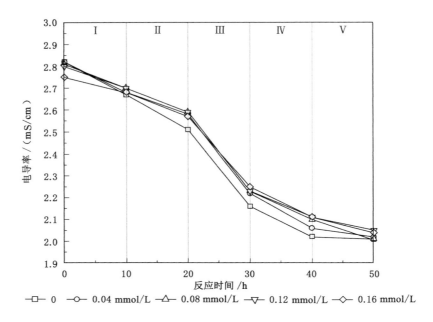

图 3-30　15 ℃时不同浓度 Zn^{2+} 对电导率的影响

瓶中电导率值差距不大，为（2.58±0.01）mS/cm；第Ⅲ阶段末，空白对照组反应瓶中电导率值最小，为 2.16 mS/cm，其余 4 个反应瓶中电导率值基本相同，为（2.24±0.01）mS/cm；第Ⅳ阶段末，空白对照组反应瓶中电导率值下降最快，电导率值最小，为 2.02 mS/cm，其次是投加 Zn^{2+} 浓度为 0.04 mmol/L 反应瓶中的电导率，为 2.06 mS/cm，其余 3 个反应瓶中电导率值差距不大，为 2.10～2.11 mS/cm；第Ⅴ阶段末，5 个反应瓶中电导率值相差不大，基本稳定在（2.03±0.02）mS/cm。

可以看出，在 15 ℃低温条件下，空白对照组反应瓶中的电导率下降最快，在整个反应过程中电导率值最小，说明出水溶液中的离子浓度最小，TDS 最小，厌氧氨氧化菌的活性最好，脱氮效果最好；其余 4 个反应瓶中的电导率下降速率基本一样，说明低温条件下向溶液中投加 Zn^{2+}，并不能增强厌氧氨氧化菌的活性，因而也不能提高脱氮效果。

综上所述，通过向溶液中投加 Fe^{2+}、Cu^{2+} 和 Zn^{2+} 并测定水溶液中电导率值，发现：① 在 15 ℃低温条件下，投加 Fe^{2+} 的 5 个反应瓶在反应过程中电导率值逐渐变小，其中投加 Fe^{2+} 浓度为 0.16 mmol/L 的反应瓶中电导率值在反应过程中下降最快，电导率值最小，脱氮效果最好。② 在 15 ℃低温条件下，

投加 Cu^{2+} 浓度为 0.05 mmol/L、0.1 mmol/L 和 0.15 mmol/L 的反应瓶中电导率值在反应过程中下降趋势基本相同,其中投加 Cu^{2+} 浓度为 0.05 mmol/L 的反应瓶在整个反应过程中电导率值始终保持最小,菌种活性最好,脱氮效果最好;投加 Cu^{2+} 浓度为 0.15 mmol/L 和 0.2 mmol/L 的反应瓶中电导率值随着反应的不断进行下降很慢,最终在反应结束时测得出水电导率值依然很大,分析认为厌氧氨氧化菌的活性受到了严重的抑制,它的脱氮效果也变得比较差。

③ 在 15 ℃条件下,在反应各阶段结束时,测得投加 Zn^{2+} 浓度为 0 的反应瓶中电导率值都为最低,其脱氮效果最好;其余 4 个反应瓶中在各个阶段末测得的电导率值都基本相同,在反应 50 h 之后,出水电导率值也逐渐趋于稳定,稳定在 2.0 mS/cm。可见,在 15 ℃低温条件下投加 Zn^{2+} 并没有提高厌氧氨氧化菌的活性,也没有提高脱氮效果。

3.3.3　金属离子对 pH 值的短期影响

3.3.3.1　Fe^{2+} 对 pH 值的短期影响

15 ℃时 Fe^{2+} 作用下 pH 值变化如图 3-31 所示。由图可见,金属离子对环境中的 pH 值具有调节作用。反应开始时,pH 值为 7.19～7.28;反应结束时,pH 值为 7.65～8.06。由反应过程可以看出,反应环境中 pH 值不是一成不变的,而是一个逐渐消耗 H^+、逐渐产碱的过程,pH 值不断变化,将反应瓶中的 pH 值调节到厌氧氨氧化菌最适生长条件。在 15 ℃低温条件下,起始反应瓶中 pH 值基本相同;第Ⅰ阶段末,5 个反应瓶中的出水 pH 值增大,投加 Fe^{2+} 浓度为 0.08 mmol/L 的反应瓶中 pH 值增加幅度较小;第Ⅱ阶段末,出水 pH 值在 7.98～8.24;第Ⅲ阶段末,pH 值与第Ⅱ阶段末期相比基本保持不变;第Ⅳ阶段末,随着反应的进行,pH 值有些许减小,整体比第Ⅲ阶段末下降了 0.3 左右;第Ⅴ阶段末,随着反应的进行,pH 值基本保持不变。

投加 Fe^{2+} 浓度为 0.16 mmol/L 的反应瓶中,开始时 pH 值为 7.25,随着反应的进行,pH 值不断变大,最终增大到 8.03。在 5 个反应瓶中,其 pH 值变化幅度最小,波动范围在 7.76～8.06。

在 15 ℃低温条件下,投加 Fe^{2+} 浓度为 0.16 mmol/L 的反应瓶中脱氮效果最好,其 pH 值变化幅度最小,酸碱环境最适宜,厌氧氨氧化菌活性最大,脱氮效果最好。

3.3.3.2　Cu^{2+} 对 pH 值的短期影响

15 ℃时 Cu^{2+} 作用下 pH 值变化如图 3-32 所示。由图可见:反应开始时,pH 值为 7.24～7.3;反应结束时,pH 值为 7.8～8.4,相差较大。在反应过程中逐渐消耗 H^+,pH 值不断增大到趋于稳定,最终反应瓶中的 pH 值稳定不变。在 15 ℃低温

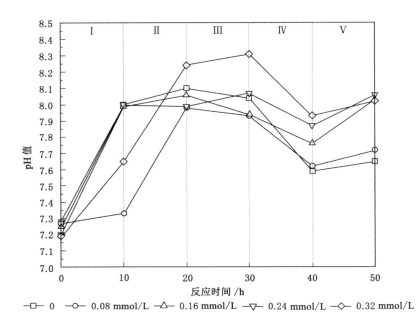

图 3-31　15 ℃时不同浓度 Fe^{2+} 对 pH 值的影响

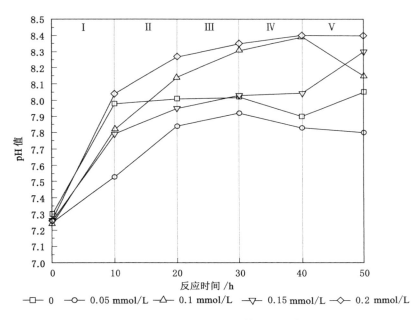

图 3-32　15 ℃时不同浓度 Cu^{2+} 对 pH 值的影响

条件下,起始反应瓶中 pH 值基本相同,为 7.24~7.3。第 I 阶段末,出水 pH 值均增大,投加 Cu^{2+} 浓度为 0.05 mmol/L 的反应瓶中 pH 值最小,为 7.53。第 II 阶段末,出水 pH 值为 7.84~8.27。第 III 阶段末,投加 Cu^{2+} 浓度为 0.05 mmol/L 与空白对照组反应瓶中 pH 值基本保持不变。第 IV 阶段末,pH 值与第 III 阶段末相比整体基本保持不变。第 V 阶段末,5 个反应瓶中的 pH 值相差较大,投加 Cu^{2+} 浓度为 0.05 mmol/L 的反应瓶中 pH 值为 7.8,投加 Cu^{2+} 浓度为 0.2 mmol/L 的反应瓶中 pH 值为 8.4,两者相差最大,为 0.6。

整体来看,在 15 ℃低温条件下,投加 Cu^{2+} 浓度为 0.05 mmol/L 的反应瓶中,开始时 pH 值为 7.25,随着反应的进行,pH 值不断变大,整体 pH 值变化幅度最小,酸碱环境最适宜,厌氧氨氧化菌活性最大,脱氮效果最好,最终反应瓶中 pH 值稳定在 7.8。

3.3.3.3　Zn^{2+} 对 pH 值的短期影响

15 ℃时 Zn^{2+} 作用下 pH 值变化如图 3-33 所示。由图可见,反应开始时,pH 值为 7.21~7.25;反应结束时,pH 值为 7.85~8.16。在反应过程中,反应瓶中的 pH 值不断增大到趋于稳定。在 15 ℃低温条件下,起始反应瓶中 pH 值基本相同;第 I 阶段末,出水 pH 值增大至 7.71~7.87;第 II 阶段末,出水 pH 值持续增大,为 7.91~8.07;第 III 阶段末,pH 值整体上升至 8.02~8.19;第 IV 阶段末,5 个反应瓶中的 pH 值略有下降,空白对照组 pH 值最小,为 7.85,投加 Zn^{2+} 浓度为 0.16 mmol/L 的反应瓶中 pH 值最大,为 8.17,两者相差了 0.32;第 V 阶段末,反应瓶中的 pH 值与第 IV 阶段末期基本相同,投加 Zn^{2+} 浓度为 0.16 mmol/L 的反应瓶中 pH 值比空白对照组的 pH 值大 0.24。

整体来看,在 15 ℃低温条件下,投加 Zn^{2+} 浓度为 0 的反应瓶中,开始时 pH 值为 7.25,随着反应的进行 pH 值不断变大,整体 pH 值变化幅度最小,最终稳定在 7.95。

综上所述,在 15 ℃条件下,投加 Zn^{2+} 浓度为 0 的反应瓶中酸碱环境最适宜,厌氧氨氧化菌活性最大,脱氮效果最好。可见,投加 Zn^{2+} 不能提高菌种的活性,也不能提高厌氧氨氧化脱氮效果。

综上所述,认为维持恒定的酸碱条件是保证厌氧氨氧化菌正常代谢的重要条件。据相关文献报道[15-16],厌氧氨氧化菌最适 pH 值范围是 7.5~8.3。pH 值为 8.0 的时候反应速率是最大的。投加适宜浓度的金属离子可以调节环境 pH 值,使厌氧氨氧化反应处于最适的微碱性环境,使细胞维持酸碱平衡。投加过量浓度的金属离子则会使 pH 值偏离最适 pH 值范围,从而使厌氧氨氧化菌种处于不利环境条件,抑制菌种活性,抑制细胞的合成代谢,使脱氮效果变差。

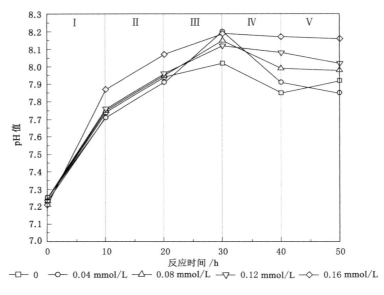

图 3-33 15 ℃时不同浓度 Zn^{2+} 对 pH 值的影响

3.3.4 金属离子对氧化还原电位的短期影响

3.3.4.1 Fe^{2+} 对氧化还原电位的短期影响

15 ℃时 Fe^{2+} 作用下氧化还原电位 ORP 变化如图 3-34 所示。由图可见,反应开始时,进水氧化还原电位为 $-7.8\sim1.4$ mV。阶段 Ⅰ 结束后,只有投加 Fe^{2+} 浓度为 0.08 mmol/L 和 0.32 mmol/L 的反应瓶中氧化还原电位偏大,其余 3 个反应瓶中氧化还原电位为 $-49.4\sim-45.9$ mV。阶段 Ⅱ 结束后,5 个反应瓶中的氧化还原电位持续下降,保持在 $-60\sim-43.3$ mV,投加 Fe^{2+} 浓度为 0.08 mmol/L 的反应瓶中氧化还原电位最大,为 -43.3 mV,投加 Fe^{2+} 浓度为 0.32 mmol/L 的反应瓶中氧化还原电位最小,为 -60 mV。阶段 Ⅲ 结束后,投加 Fe^{2+} 浓度为 0.16 mmol/L 的反应瓶中氧化还原电位为 -42.7 mV,为 5 个反应瓶中最大,投加 Fe^{2+} 浓度为 0.32 mmol/L 的反应瓶中氧化还原电位最小,为 -62.5 mV。阶段 Ⅳ 结束后,5 个反应瓶中氧化还原电位整体升高,投加 Fe^{2+} 浓度为 0.16 mmol/L 的反应瓶中氧化还原电位为 -34.3 mV。阶段 Ⅴ 结束后,5 个反应瓶中氧化还原电位整体下降。

综上所述,并不是氧化还原电位越小,厌氧氨氧化菌的活性越大。在反应的整个过程中,投加 Fe^{2+} 浓度为 0.32 mmol/L 的反应瓶中氧化还原电位波动最

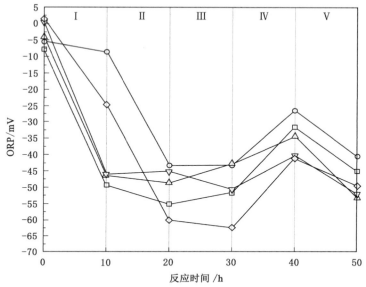

图 3-34　15 ℃时不同浓度 Fe^{2+} 对 ORP 的影响

大,氮去除效果最差;投加 Fe^{2+} 浓度为 0.16 mmol/L 的反应瓶中氧化还原电位波动最小,氧化还原电位稳定范围为 $-34.3 \sim -53.2$ mV,整体比空白对照组偏高 10 mV 左右,厌氧氨氧化颗粒污泥活性最好,脱氮效果最好。因此,投加适宜浓度的 Fe^{2+},可以调节反应瓶中氧化还原电位在最适的范围,进而调节溶液 pH 值在最适范围,使溶液环境更适合厌氧氨氧化菌的生长。

3.3.4.2　Cu^{2+} 对氧化还原电位的短期影响

15 ℃时 Cu^{2+} 作用下氧化还原电位变化如图 3-35 所示。由图可见,反应开始时,进水氧化还原电位为 $-5.9 \sim -1.5$ mV。阶段 I 结束后,投加 Cu^{2+} 浓度为 0.05 mmol/L 的反应瓶中氧化还原电位最大,为 -17.6 mV,投加 Cu^{2+} 浓度为 0.2 mmol/L 的反应瓶中氧化还原电位最小,为 -47.8 mV,两者相差30.2 mV。阶段 II 结束后,5 个反应瓶中的氧化还原电位为 $-60.7 \sim -34.8$ mV,投加 Cu^{2+} 浓度为 0.2 mmol/L 的反应瓶中氧化还原电位最小。阶段 III 结束后,投加 Cu^{2+} 浓度为 0.05 mmol/L 时的反应瓶中氧化还原电位为 -42.7 mV,为 5 个反应瓶中最大;投加 Cu^{2+} 浓度为 0.2 mmol/L 的反应瓶中氧化还原电位为 -65.5 mV,

为 5 个反应瓶中最小。阶段Ⅳ结束后，5 个反应瓶中氧化还原电位基本保持不变。阶段Ⅴ结束后，投加 Cu^{2+} 浓度为 0.05 mmol/L 的反应瓶中氧化还原电位为 -33.8 mV，投加 Cu^{2+} 浓度为 0.2 mmol/L 的反应瓶中氧化还原电位为 -67.1 mV。

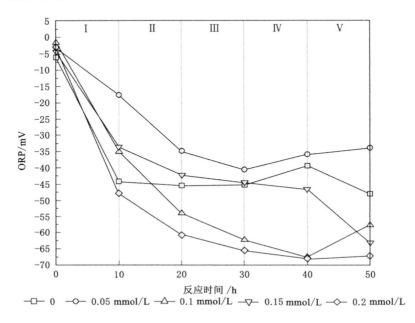

图 3-35　15 ℃时不同浓度 Cu^{2+} 对 ORP 的影响

由图 3-35 可知，在 15 ℃低温条件下，投加 Cu^{2+} 浓度为 0.2 mmol/L 的反应瓶中，氧化还原电位曲线波动最大，ORP 值最小，氮去除效果也是最差的；投加 Cu^{2+} 浓度为 0.05 mmol/L 的反应瓶中，氧化还原电位波动最小，脱氮效果最好。分析认为：在 15 ℃低温条件下，向反应瓶中投加 Cu^{2+} 浓度为 0.05 mmol/L 时，氧化还原电位在 30 h 后波动变小，稳定在 $-50\sim-30$ mV，厌氧氨氧化菌活性最好，厌氧氨氧化反应脱氮效果最好。因此，投加适宜浓度的 Cu^{2+}，可以调节反应瓶中氧化还原电位，使其更适宜厌氧氨氧化菌的生长。

综上所述，过大的或者过小的氧化还原电位环境都会导致溶液中 pH 值过小或者过大，导致厌氧氨氧化菌处于不利环境，使菌种活性下降，厌氧氨氧化作用减弱，进而影响反应的脱氮效率。因此，过大或者过小的氧化还原电位值都不利于厌氧氨氧化反应的进行。

3.3.4.3　Zn²⁺ 对氧化还原电位的短期影响

15 ℃ 时 Zn^{2+} 作用下氧化还原电位变化如图 3-36 所示。由图可见,反应开始阶段,5 个反应瓶中氧化还原电位为 $-2.7 \sim -0.6$ mV。阶段 Ⅰ 结束后,5 个反应瓶中氧化还原电位整体变小,稳定在 $-47.5 \sim -42.2$ mV;空白对照组反应瓶中氧化还原电位最小,为 -47.5 mV。阶段 Ⅱ 结束后,5 个反应瓶中的氧化还原电位基本保持不变。阶段 Ⅲ 结束后,空白对照组氧化还原电位值基本保持不变,其余 4 个反应瓶中均略有下降。阶段 Ⅳ 结束后,5 个反应瓶中氧化还原电位整体升高,空白对照组氧化还原电位变化较小。阶段 Ⅴ 结束后,除了空白对照组反应瓶中氧化还原电位稍有下降,其余 4 个反应瓶中氧化还原电位整体略有上升。

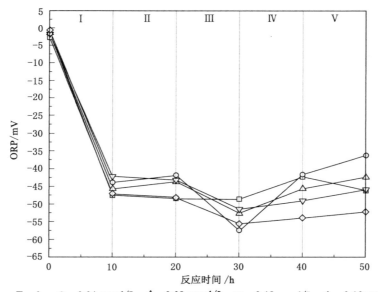

图 3-36　15 ℃时不同浓度 Zn^{2+} 对 ORP 的影响

综上所述,在 15 ℃ 低温条件下,投加 Zn^{2+} 浓度为 0 的反应瓶中氧化还原电位波动较小,氧化还原电位处于最适的范围 $-48.7 \sim -42.3$ mV,厌氧氨氧化颗粒污泥活性最好,脱氮效果最好。

综上分析认为,氧化还原电位值处于 (-40 ± 10) mV 时,厌氧氨氧化菌的活性最强,脱氮效率最高。

3.3.5 金属离子对 MLSS、MLVSS 的短期变化影响

3.3.5.1 不同 Fe^{2+} 投加浓度下 MLSS、MLVSS 及 MLVSS/MLSS 的短期变化

15 ℃时 Fe^{2+} 作用下 MLSS、MLVSS 及 MLVSS/MLSS 变化如图 3-37 所示。由图可见：随着 Fe^{2+} 投加浓度的增大，MLSS 呈现出先增大后减小的趋势，Fe^{2+} 投加浓度为 0.16 mmol/L 时 MLSS 最大，为 11 325 mg/L，空白对照组 MLSS 最小，为 8 275 mg/L；MLVSS 也呈现出先增大后减小的趋势，Fe^{2+} 投加浓度为 0.24 mmol/L 时 MLVSS 最大，为 4 458.3 mg/L，Fe^{2+} 投加浓度为 0.32 mmol/L 时 MLVSS 最小，为 2 408.3 mg/L。MLVSS/MLSS 在 0.245～0.449。投加 Fe^{2+} 浓度为 0.08 mmol/L 时，MLVSS/MLSS 为 0.449，厌氧氨氧化菌活性最大；投加 Fe^{2+} 浓度为 0.16 mmol/L 时，MLVSS/MLSS 为 0.351；投加 Fe^{2+} 浓度为 0.32 mmol/L 时，MLVSS/MLSS 为 0.245，厌氧氨氧化菌活性最小。综上，说明投加适宜浓度的 Fe^{2+} 可以提高菌种的活性，投加过量的 Fe^{2+} 会抑制菌种的活性。

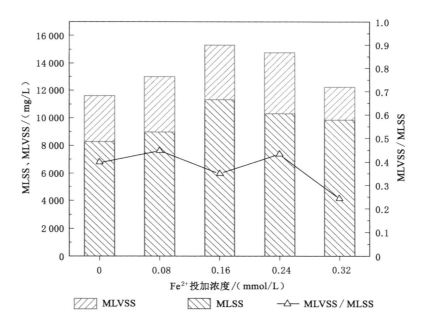

图 3-37 15 ℃时不同浓度 Fe^{2+} 作用下 MLSS、MLVSS 及 MLVSS/MLSS 变化

3.3.5.2 不同 Cu^{2+} 投加浓度下 MLSS、MLVSS 及 MLVSS/MLSS 的短期变化

15 ℃时 Cu^{2+} 作用下 MLSS、MLVSS 及 MLVSS/MLSS 变化如图 3-38 所示。

由图可见,Cu²⁺ 投加浓度为 0.05 mmol/L 的反应瓶中 MLSS 略小,为 7 075 mg/L,Cu²⁺ 投加浓度为 0 的反应瓶中 MLSS 略大,为 8 391.6 mg/L,其余 3 个反应瓶中的 MLSS 基本相同,为 7 933.3~7 950 mg/L。Cu²⁺ 投加浓度为 0.05 mmol/L 时,MLVSS 最大,为 3 275 mg/L;空白对照组 MLVSS 最小,为 2 691.6 mg/L。MLVSS/MLSS 为 0.321 ~ 0.463,投加 Cu²⁺ 浓度为 0.05 mmol/L 时,MLVSS/MLSS 为 0.463,厌氧氨氧化菌活性最大;空白对照组 MLVSS/MLSS 为 0.321,厌氧氨氧化菌活性最小。

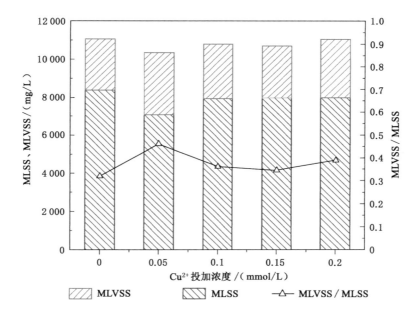

图 3-38　15 ℃ 时不同浓度 Cu²⁺ 作用下 MLSS、MLVSS 及 MLVSS/MLSS 变化

　　综上,说明投加适宜浓度的 Cu²⁺ 可以提高菌种的活性,投加过量的 Cu²⁺ 会抑制菌种的活性。本试验中,在 15 ℃ 低温条件下,Cu²⁺ 投加浓度为 0.05 mmol/L 时,菌种的活性最大,反应脱氮效能最大。

3.3.5.3　不同 Zn²⁺ 投加浓度下 MLSS、MLVSS 及 MLVSS/MLSS 的短期变化

　　15 ℃ 时 Zn²⁺ 作用下 MLSS、MLVSS 及 MLVSS/MLSS 变化如图 3-39 所示。由图可见,随着 Zn²⁺ 投加浓度的增大,MLSS 呈现出逐渐减小的趋势。Zn²⁺ 投加浓度为 0.12 mmol/L 时 MLSS 最小,为 4 808.3 mg/L;空白对照组 MLSS 最大,为 12 475 mg/L。MLVSS 呈现出先减小后逐渐增大的趋势。Zn²⁺

投加浓度为 0.12 mmol/L 时 MLVSS 最大,为 4 750 mg/L;Zn^{2+} 投加浓度为 0.04 mmol/L 时 MLVSS 最小,为 2 691.6 mg/L。MLVSS/MLSS 为 0.249～0.988。投加 Zn^{2+} 浓度为 0.12 mmol/L 时,MLVSS/MLSS 为 0.988,厌氧氨氧化菌活性最大;投加 Zn^{2+} 浓度为 0.04 mmol/L 时,MLVSS/MLSS 为 0.249,厌氧氨氧化菌活性最小。从图 3-39 可以看出,Zn^{2+} 投加浓度为 0、0.04 mmol/L、0.08 mmol/L 时,MLVSS/MLSS 相差不大,为 0.249～0.368;Zn^{2+} 投加浓度为 0.12 mmol/L 和 0.16 mmol/L 时,菌种的活性较大。

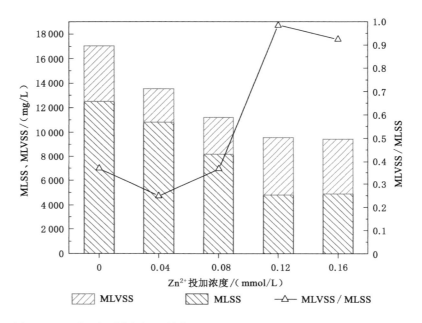

图 3-39　15 ℃时不同浓度 Zn^{2+} 作用下 MLSS、MLVSS 及 MLVSS/MLSS 变化

3.3.6　金属离子对蛋白质与多糖的短期变化影响

3.3.6.1　不同 Fe^{2+} 投加浓度下蛋白质与多糖的短期变化

由图 3-40 可知,随着 Fe^{2+} 投加浓度的增大,胞外聚合物(EPS)含量总体逐渐增加,胞外聚合物中蛋白质(PN)含量呈现出逐渐增大的趋势。Fe^{2+} 投加浓度为 0 时蛋白质含量最小,为 47.54 mg/g;Fe^{2+} 投加浓度为 0.32 mmol/L 时蛋白质含量最大,为 104.43 mg/g。胞外聚合物中多糖(PS)含量呈现出先减小后增大的趋势。Fe^{2+} 投加浓度为 0.08 mmol/L 时多糖含量最小,为 19.21 mg/g;Fe^{2+} 投加浓度为 0.32 mmol/L 时多糖含量最大,为 38.95 mg/g。多糖具有亲水

性,不利于颗粒污泥的沉降,而蛋白质具有疏水性,有利于颗粒污泥的沉降,因此可以认为 PS/PN 越小,多糖含量越小,越有利于颗粒污泥的沉降;PS/PN 越大,蛋白质含量越小,多糖含量越大,越不利于颗粒污泥的沉降。PS/PN 为 0.253~0.545。投加 Fe^{2+} 浓度为 0.24 mmol/L 时 PS/PN 较小,为 0.253;投加 Fe^{2+} 浓度为 0 时,PS/PN 为 0.545。试验表明,PS/PN 的最适范围为 0.3~0.4。投加适宜浓度的 Fe^{2+} 可以提高 EPS 中蛋白质的含量,降低 EPS 中多糖的含量;但投加过量浓度的 Fe^{2+} 在增大蛋白质含量的同时也增加了多糖的含量,使得 PS/PN 增大,导致颗粒污泥的活性变差,使污泥沉降性能也变差。

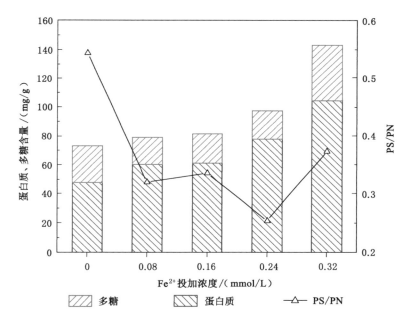

图 3-40　15 ℃时不同浓度 Fe^{2+} 作用下蛋白质和多糖含量及 PS/PN 变化

3.3.6.2　不同 Cu^{2+} 投加浓度下蛋白质与多糖的短期变化

由图 3-41 可见,随着 Cu^{2+} 投加浓度的增大,胞外聚合物含量总体先增大后减小。胞外聚合物中蛋白质含量呈现出先增大后减小的趋势。Cu^{2+} 投加浓度为 0.2 mmol/L 时蛋白质含量最小,为 4.63 mg/g;Cu^{2+} 投加浓度为 0.15 mmol/L 时蛋白质含量最大,为 101.47 mg/g。胞外聚合物中多糖含量呈现出先减小后增大再减小的趋势。Cu^{2+} 投加浓度为 0.2 mmol/L 时多糖含量最小,为 27.44 mg/g;Cu^{2+} 投加浓度为 0.1 mmol/L 时多糖含量最大,为 59.32 mg/g。PS/PN 为 0.478~

5.920。投加 Cu^{2+} 浓度为 0.05 mmol/L 和 0.15 mmol/L 时 PS/PN 较小,分别为 0.517和0.478;投加 Cu^{2+} 浓度为 0.2 mmol/L 时 PS/PN 较大,为 5.920。

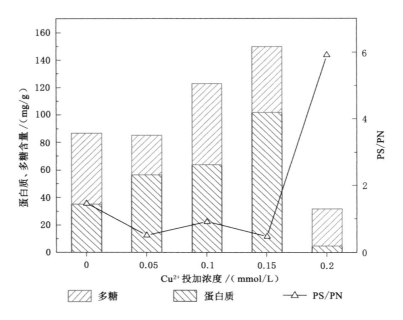

图 3-41　15 ℃时不同浓度 Cu^{2+} 作用下蛋白质和多糖含量及 PS/PN 变化

试验表明,在低温(15 ℃)条件下,向溶液中经投加 Cu^{2+},PS/PN 的最适范围为 0.478~0.517。投加适宜浓度的 Cu^{2+} 可以提高 EPS 中蛋白质的含量,降低 EPS 中多糖的含量;投加过量浓度的 Cu^{2+} 则会抑制厌氧氨氧化菌的活性,使菌体 EPS 中蛋白质严重失活,产生蛋白质的含量急剧下降,也降低了多糖的含量,使得PS/PN明显变大,导致厌氧氨氧化菌的活性变差,沉降性也相应地变差。

3.3.6.3　不同 Zn^{2+} 投加浓度下蛋白质与多糖的短期变化

由图 3-42 可见,随着 Zn^{2+} 投加浓度的增大,胞外聚合物含量逐渐降低。胞外聚合物中蛋白质含量呈现出先减小后增大的趋势。Zn^{2+} 投加浓度为 0.04 mmol/L 时蛋白质含量最小,为 6.23 mg/g;Zn^{2+} 投加浓度为 0 时蛋白质含量最大,为 34.17 mg/g。胞外聚合物中多糖含量呈现出先增大后减小的趋势。Zn^{2+} 投加浓度为 0.16 mmol/L 时多糖含量最小,为 16.47 mg/g;Zn^{2+} 投加浓度为 0.04 mmol/L 时多糖含量最大,为 56.87 mg/g。PS/PN 为 0.976~9.128。投加 Zn^{2+} 浓度为 0 和 0.16 mmol/L 时 PS/PN 较小,分别为 1.060 和 0.976。投加 Zn^{2+} 浓度为0.04 mmol/L时,PS/PN 为 9.128。

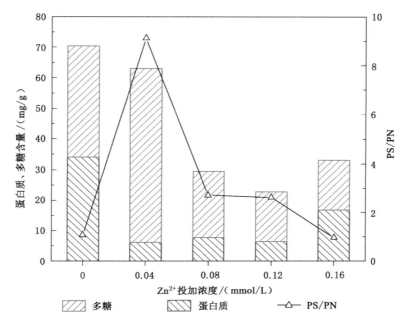

图 3-42　15 ℃时不同浓度 Zn²⁺ 作用下蛋白质和多糖含量及 PS/PN 变化

　　试验表明,在低温(15 ℃)条件下,向溶液中经投加 Zn^{2+} ,PS/PN 的最适范围为 0.976～1.060。投加 Zn^{2+} 并不能提高 EPS 中蛋白质的含量,反而降低了 EPS 中蛋白质的含量,增大了 EPS 中多糖的含量。投加 Zn^{2+} 会抑制厌氧氨氧化菌产生蛋白质,使产生蛋白质的量急剧下降,导致颗粒污泥活性变差,沉降性能变差。

　　以上结果说明:在低温条件下,在群体感应的作用下,EPS 中蛋白质和多糖的含量均发生了改变。在低温条件下投加适宜浓度的金属离子,可以提高 EPS 中蛋白质的含量,投加过量浓度的金属离子则会导致 EPS 中蛋白质含量下降,多糖含量升高。酶是由蛋白质所组成的,由蛋白质含量的下降明显可以看出酶系统中蛋白质失活,导致某些功能酶的活性下降,使得厌氧氨氧化菌种活性下降,进而使厌氧氨氧化反应脱氮性能下降。而且蛋白质是一种疏水性物质,蛋白质含量越高,颗粒污泥沉降性越好。而多糖是一种亲水性的高分子聚合物,多糖的浓度越大则对污泥的脱水性和沉降性越不利。因此,如何使 EPS 中产生更多的蛋白质促进颗粒污泥的活性和沉降性是未来研究的重点与难点。

3.4　低温胁迫下信号分子对厌氧氨氧化影响试验研究

3.4.1　3-oxo-C8-HSL 对厌氧氨氧化效能的短期影响

15 ℃时 3-oxo-C8-HSL 作用下氨氮和亚硝态氮浓度和去除率变化如图 3-43 和图 3-44 所示。由图可见,随着反应的进行,氨氮和亚硝态氮去除率逐渐提高。反应结束的时候,出水氨氮浓度为 0.68~5.54 mg/L,出水亚硝态氮浓度为 12.84~16.96 mg/L,最大氨氮去除率达到 99.3%,最大亚硝态氮去除率为 90.3%。

第 I 阶段末,投加 3-oxo-C8-HSL 量为 5 mL 时,出水氨氮浓度为 67.26 mg/L,去除率为 32.43%,比空白组提高了 3.15 个百分点;出水亚硝态氮浓度为 82.63 mg/L,去除率为 37.49%,比空白组提高了 3.2 个百分点。去除效果最佳。

第 II 阶段末,每个反应瓶中氨氮和亚硝态氮去除效果都有所提高。投加量为 5 mL 时,出水氨氮浓度为 47.26 mg/L,去除率为 52.53%;出水亚硝态氮浓度为 52.63 mg/L,去除率为 60.18%。去除效果最好。空白对照组出水氨氮浓度为 50.4 mg/L,去除率为 49.37%;出水亚硝态氮浓度为 55.17 mg/L,去除率为 58.27%。投加量为 5 mL 组比空白对照组氨氮去除率提高 3.16 个百分点,亚硝态氮去除率提高 1.91 个百分点。

第 III 阶段末,投加量为 5 mL 时,脱氮效果最好。空白对照组的脱氮效果与其他 4 组相比最差。投加量为 5 mL 组与空白对照组相比,氨氮去除率提高 13.77 个百分点,亚硝态氮去除率提高 0.25 个百分点。

第 IV 阶段末,投加量为 5 mL 时氨氮和亚硝态氮去除率分别达到 94.72% 和 86.69%;空白对照组氨氮和亚硝态氮去除率分别为 87.69% 和 86.69%。投加量为 5 mL 组与空白对照组相比,氨氮去除率提高 7.03 个百分点,亚硝态氮去除率基本一样。

第 V 阶段末,氨氮和亚硝态氮去除率均达到 94% 和 87% 以上,投加量为 5 mL 和 15 mL 的反应瓶中氨氮去除率最大,达 99.31%,亚硝态氮去除率基本相同,为(88±1)%。

综上所述,在 15 ℃低温条件下,3-oxo-C8-HSL 投加量为 5 mL 时,反应瓶中脱氮效果最佳,反应结束时出水氨氮和亚硝态氮浓度分别为 0.68 mg/L 和 16.96 mg/L,氨氮与亚硝态氮的去除率分别达到了 99.3% 和 87.17%。

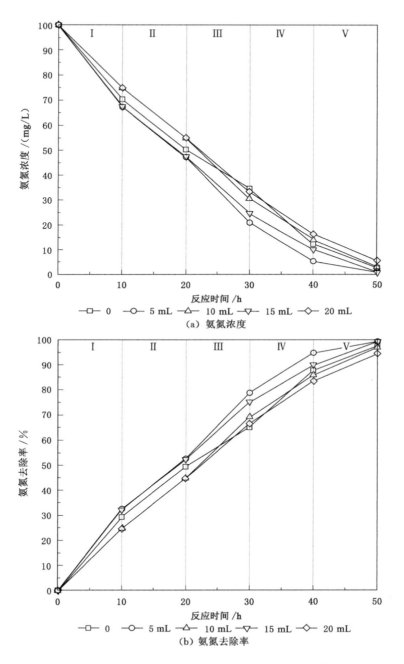

（a）氨氮浓度

（b）氨氮去除率

图 3-43　15 ℃时 3-oxo-C8-HSL 作用下氨氮浓度及去除率变化情况

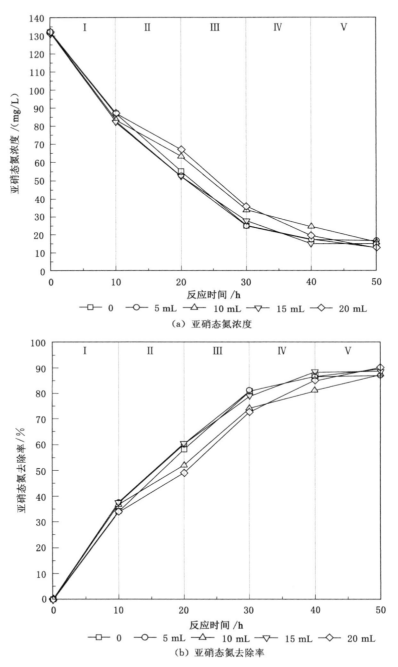

（a）亚硝态氮浓度

（b）亚硝态氮去除率

图 3-44　15 ℃时 3-oxo-C8-HSL 作用下亚硝态氮浓度及去除率变化情况

分析认为,由于 AHLs 类似于一种胶状物质,投加一定量的 3-oxo-C8-HSL 可以刺激菌种产生更多的胞外聚合物,提高菌种之间的聚集能力,促进厌氧氨氧化反应,提高菌种活性。

3.4.2　3-oxo-C8-HSL 对电导率的短期影响

15 ℃时 3-oxo-C8-HSL 作用下电导率变化如图 3-45 所示。由图可见,随着反应的进行,电导率逐渐降低。在反应过程中,3-oxo-C8-HSL 投加量为 15 mL 时,电导率值始终处于最低,反应结束时,出水电导率值为 1.75 mS/cm。

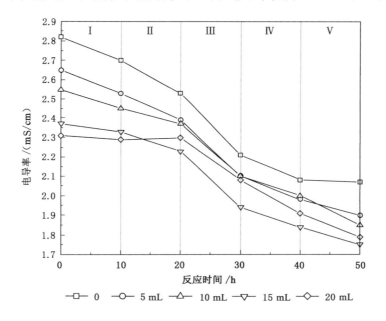

图 3-45　15 ℃时 3-oxo-C8-HSL 作用下电导率变化

在反应开始之前,各反应瓶中电导率相差很大,并呈现出随进水 3-oxo-C8-HSL 浓度增大而依次减小的规律,空白对照组与投加量为 20 mL 反应瓶中的电导率相差 0.51 mS/cm。第 Ⅰ 阶段末,投加量为 20 mL 和空白对照组反应瓶中的电导率相差了 0.4 mS/cm。第 Ⅱ 阶段末,电导率值差距逐渐变小,投加量为 15 mL 的反应瓶中电导率值最小,为 2.21 mS/cm,空白对照组反应瓶中电导率值最大,为 2.51 mS/cm,两者相差 0.3 mS/cm。第 Ⅲ 阶段末,投加量为15 mL的反应瓶中电导率值最小,为 1.92 mS/cm,空白对照组反应瓶中的电导率值最大,为 2.16 mS/cm,两者相差 0.24 mS/cm。第 Ⅳ 阶段末,各反应瓶中电导率差距逐渐减小,投加量为 15 mL 的反应瓶中电导率值最小,为 1.84 mS/cm,空白对照组反应瓶中的电导率值最大,为 2.02 mS/cm。第 V 阶段末,投加量为 15 mL 和空白对照组反应瓶中的电导率值相差 0.26 mS/cm。

综上所述,各阶段结束时电导率值随 3-oxo-C8-HSL 投加量的增加而依次减小,投加量为 15 mL 反应瓶中的电导率下降最快,电导率值最小,说明出水溶液中的杂质最少,总溶解固体越小,盐分最小,厌氧氨氧化菌的活性最好,去除水中的氨氮和亚硝态氮的效果最好。分析认为投加 3-oxo-C8-HSL 可以使溶液中电导率值下降,且投加量越大,电导率值下降越明显,但是从脱氮效果曲线图得知,3-oxo-C8-HSL 投加量为 5 mL 时其脱氮效果最好,说明投加适宜浓度的信号分子,可以提高厌氧氨氧化菌的活性,提高污水的脱氮效能。

3.4.3 3-oxo-C8-HSL 对 pH 值的短期影响

15 ℃时 3-oxo-C8-HSL 作用下 pH 值变化如图 3-46 所示。由图可见,信号分子对环境 pH 值具有调节作用,反应开始时,pH 值为 7.06～7.25;反应结束时,pH 值为 7.78～7.95。随着反应的进行,逐渐消耗 H⁺,pH 值不断变化,逐渐将反应瓶中的 pH 值调节到厌氧氨氧化菌种最适的生长条件。在 15 ℃低温条

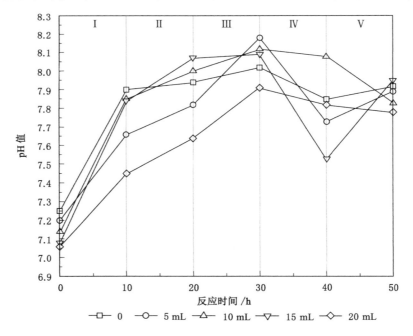

图 3-46　15 ℃时 3-oxo-C8-HSL 作用下 pH 值变化

件下,起始反应瓶中 pH 值随 3-oxo-C8-HSL 投加量的增加而依次减小。第 Ⅰ 阶段末,5 个反应瓶中的出水 pH 值增大,投加量为 20 mL 反应瓶中的 pH 值增加幅度较小,空白对照组反应瓶中出水 pH 值较大,为 7.9;第 Ⅱ 阶段末,出水 pH 值为 7.64~8.07;第 Ⅲ 阶段末,pH 值与第 Ⅱ 阶段末期相比略有升高;第 Ⅳ 阶段末,随着反应的进行 pH 值略有减小,投加量为 5 mL 和 15 mL 反应瓶中的 pH 值减小较多;第 Ⅴ 阶段末,pH 值基本稳定在 7.78~7.95。

综上可知,在 15 ℃低温条件下,投加 3-oxo-C8-HSL 可以降低进水 pH 值,而且使出水 pH 值处于最适范围,使厌氧氨氧化菌处于最适酸碱环境,提高菌种的活性,使其脱氮效果较好。

3.4.4　3-oxo-C8-HSL 对氧化还原电位的短期影响

15 ℃时 3-oxo-C8-HSL 作用下氧化还原电位变化如图 3-47 所示。由图可见,反应开始时,进水氧化还原电位为 $-2.7 \sim 11.1$ mV;反应结束时,氧化还原电位为 $-46.2 \sim -30.5$ mV。阶段 Ⅰ 结束后,5 个反应瓶中氧化还原电位下降至 $-46.5 \sim -21.4$ mV,说明厌氧氨氧化菌活性较好,厌氧氨氧化反应正常进行,投加量为 20 mL 反应瓶中的氧化还原电位较大;阶段 Ⅱ 结束后,5 个反应瓶中的氧

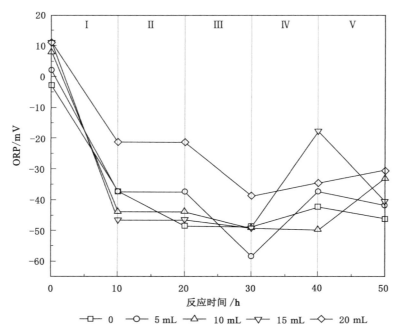

图 3-47　15 ℃时 3-oxo-C8-HSL 作用下 ORP 变化

化还原电位基本保持不变,只有空白对照组下降了 11.2 mV;阶段 Ⅲ 结束后,投加量为 20 mL 反应瓶中的氧化还原电位下降了 17.3 mV,投加量为 5 mL 反应瓶中的氧化还原电位下降了 21 mV,其余 3 个反应瓶中氧化还原电位基本不变;阶段 Ⅳ 结束时,投加量为 5 mL 反应瓶中的氧化还原电位上升了 21.1 mV,投加量为 15 mL 反应瓶中的氧化还原电位上升了 31.3 mV,其余 3 个反应瓶中氧化还原电位略有升高;阶段 Ⅴ 结束时,投加量为 10 mL 时的氧化还原电位上升了 16.3 mV,投加量为 15 mL 时的氧化还原电位下降了 22.7 mV,其余反应瓶中氧化还原电位变化不明显。

综上所述,在 15 ℃ 低温条件下,投加信号分子反应瓶中的氧化还原电位与空白对照组相比没有明显区别,5 个反应瓶中氧化还原电位都处于最适氧化还原电位范围,氧化还原电位稳定范围为 $-50\sim-30$ mV。在此范围内反应瓶中厌氧氨氧化颗粒污泥活性较好,反应脱氮效果较好。因此,投加适宜浓度的信号分子,可以将氧化还原电位调节到最适范围,使其更适合厌氧氨氧化菌的生长。

3.4.5 3-oxo-C8-HSL 对 MLSS、MLVSS 及 MLVSS/MLSS 的短期影响

由图 3-48 可见,随着 3-oxo-C8-HSL 投加量的增大,MLSS 呈现出先减小后增大的趋势。3-oxo-C8-HSL 投加量为 0 时,MLSS 最大,为 5 800 mg/L;投加量为 15 mL 时,MLSS 最小,为 1 916 mg/L。MLVSS 也呈现出先减小后增大的趋势。投加量为 0 时,MLVSS 最大,为 5 125 mg/L;投加量为 15 mL 时,MLVSS 最小,为 1 920 mg/L。MLVSS/MLSS 为 0.88~1。投加信号分子量为 0 时,MLVSS/MLSS 为 0.88,厌氧氨氧化菌活性最小;投加信号分子量为 20 mL 时,MLVSS/MLSS 为 1,厌氧氨氧化菌活性最大。

综上分析认为,3-oxo-C8-HSL 投加量越多,MLVSS/MLSS 越大,MLVSS 所占比例越大。结合脱氮效能图来看,投加适宜浓度的 3-oxo-C8-HSL 可以提高菌种的活性,并提高脱氮效率。

3.4.6 3-oxo-C8-HSL 对蛋白质与多糖及 PS/PN 的短期影响

由图 3-49 可见,随着 3-oxo-C8-HSL 投加量的增大,胞外聚合物中蛋白质含量呈现出先增大后减小的趋势。当投加量为 0 时,蛋白质含量最小,为 39.96 mg/g;当投加量为 15 mL 时,蛋白质含量最大,为 289.76 mg/g。胞外聚合物中多糖含量呈现出先增大后减小的趋势。当投加量为 0 时,多糖含量最小,为 14.23 mg/g;投加量为 15 mL 时,多糖含量最大,为 44.65 mg/g。PS/PN 为 0.154~0.356。投加量为 0 时,PS/PN 最大,为 0.356;投加量为 15 mL 时,PS/PN 最小,为 0.154。

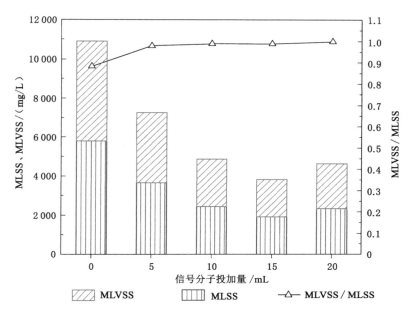

图 3-48　15 ℃时 3-oxo-C8-HSL 作用下 MLSS、MLVSS 及 MLVSS/MLSS 变化

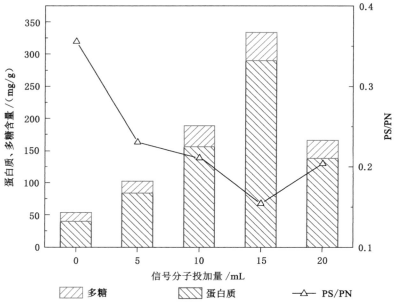

图 3-49　15 ℃时 3-oxo-C8-HSL 作用下蛋白质和多糖含量及 PS/PN 变化

试验表明,在低温(15 ℃)条件下,向溶液中投加 3-oxo-C8-HSL,随投加量的增大,PS/PN 逐渐减小,由此说明投加 3-oxo-C8-HSL 可以明显提高蛋白质的含量,同时也略微地增加多糖的含量。因此,投加一定量的信号分子会促进 EPS 产生更多的蛋白质,刺激菌种中酶的活性,同时蛋白质具有疏水性,可以提高菌种的沉降性。

3.5 低温胁迫下 Fe^{2+} 和信号分子对厌氧氨氧化长期影响试验研究

3.5.1 Fe^{2+} 对厌氧氨氧化活性及沉降性的长期影响

3.5.1.1 低温条件下 Fe^{2+} 对脱氮效能的影响

本试验为了探究在低温条件下 Fe^{2+} 对厌氧氨氧化反应的影响,控制反应器温度为 15 ℃,向进水中投加 Fe^{2+},UASB 反应器运行特性如图 3-50 和图 3-51 所示。由图可见,在运行的前 5 d,Fe^{2+} 的加入刺激了厌氧氨氧化菌,表现为促进作用,脱氮效率较高。随着反应的进行,在第 5~25 天,抑制现象开始逐渐显现出来,曲线的波动非常明显,出水氨氮和亚硝态氮的浓度均缓慢增加。第 25 天时,水力停留时间为 4.68 h,进水氨氮浓度为 177.0 mg/L,出水氨氮浓度达到 87.3 mg/L;进水亚硝态氮浓度为 190.5 mg/L,出水亚硝态氮浓度达到 44.4 mg/L。反应器氨氮去除率降低至 50.7%,亚硝态氮去除率降低至 76.7%。产生的硝态氮浓度较小。

本试验前 25 d 投加了 0.16 mmol/L 的 Fe^{2+},不但没有对厌氧氨氧化菌的活性有提升作用,反而还抑制了厌氧氨氧化菌的活性,导致菌种脱氮效果逐渐变差。分析认为投加 Fe^{2+} 浓度过大,于是从第 25 天开始将进水 Fe^{2+} 浓度降低至 0.08 mmol/L 进行试验。随着反应的进行,出水氨氮和亚硝态氮的浓度逐渐减小,菌种脱氮效能逐渐提高。进水氨氮浓度为 160~200 mg/L,亚硝态氮浓度为 180~230 mg/L,到第 80 天时,测得出水氨氮浓度逐渐降低至 30.0 mg/L,出水亚硝态氮浓度降低至 34.0 mg/L,反应器氨氮去除率升高至 83.0%,亚硝态氮去除率升高至 83.2%。

研究表明:在厌氧氨氧化污泥长时间的培养过程中,当进水 Fe^{2+} 浓度达到 0.16 mmol/L 时厌氧氨氧化菌的活性受到了抑制,说明在长期进行的试验过程中加入反应器中的金属离子具有累积的毒性作用,金属离子长期富集在菌种表面和内部,而且高浓度金属离子对细胞具有毒害作用,使得蛋白质变性失活,导致细胞一些具有功能的酶变性失活,最终导致细胞不能进行正常的生长繁殖而

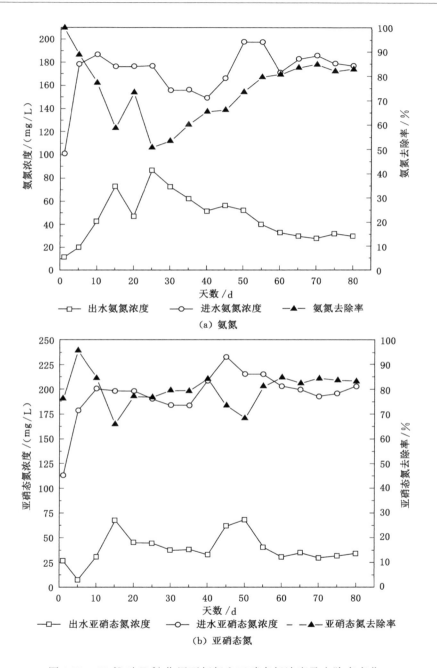

(a) 氨氮

(b) 亚硝态氮

图 3-50　15 ℃时 Fe^{2+} 作用下氨氮和亚硝态氮浓度及去除率变化

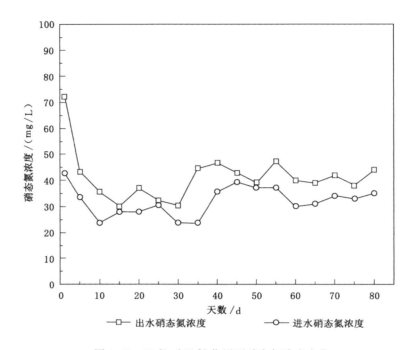

图 3-51　15 ℃时 Fe^{2+} 作用下硝态氮浓度变化

失去活性,系统的脱氮效能明显下降,使污染物质的去除率降低。

本试验研究结果表明,在 15 ℃低温条件下,投加 0.08 mmol/L Fe^{2+} 可以提高菌种活性,提高反应器的脱氮效能;而长期投加 0.16 mmol/L Fe^{2+} 则会抑制菌种的活性,降低反应器的脱氮效能。因此,在低温条件下(15 ℃)长期运行厌氧氨氧化反应器时,投加适宜浓度的 Fe^{2+} 可以提高反应器的脱氮性能,但投加高浓度的 Fe^{2+} 则会抑制菌种的活性,降低反应器的脱氮效能。

3.5.1.2　低温条件下 Fe^{2+} 对氮负荷变化的影响

15 ℃时 Fe^{2+} 作用下氮负荷变化如图 3-52 所示。由图可见,在第 1~25 天,反应器进水氨氮的负荷控制调整为 0.9~1.0 kg/(m^3 · d),进水亚硝态氮的负荷控制调整为 1.0~1.1 kg/(m^3 · d),TN 容积负荷为 2.0~2.1 kg/(m^3 · d),TN 去除负荷为 1.2~1.6 kg/(m^3 · d),TN 去除负荷逐渐下降,TN 负荷去除率由 81.8% 逐渐降低至 58.8%。第 25 天时,菌种活性受到抑制,菌种脱氮效能较差。

本试验前 25 d 投加浓度为 0.16 mmol/L 的 Fe^{2+} 导致系统脱氮性能变差,并抑制了厌氧氨氧化菌的活性。因此,从第 25 天开始将进水 Fe^{2+} 浓度降低至

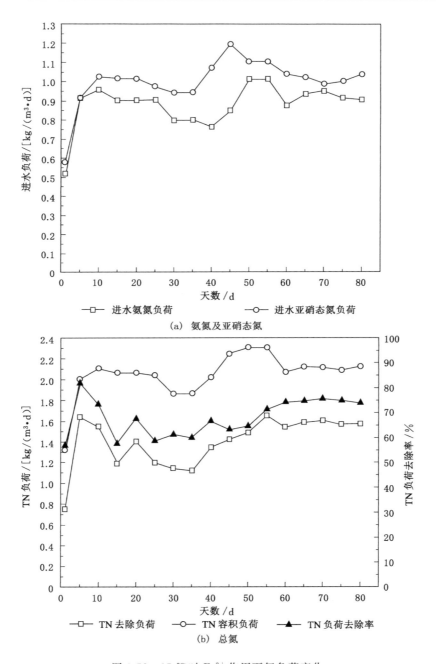

(a) 氨氮及亚硝态氮

(b) 总氮

图 3-52　15 ℃时 Fe²⁺作用下氮负荷变化

0.08 mmol/L进行试验。进水氨氮负荷控制为 0.7～1.0 kg/(m^3·d),进水亚硝态氮负荷控制为 0.9～1.2 kg/(m^3·d),进水 TN 容积负荷为 1.8～2.3 kg/(m^3·d),TN 去除负荷为 1.1～1.6 kg/(m^3·d),到第 80 天时,进水 TN 容积负荷为 2.13 kg/(m^3·d),TN 去除负荷为 1.57 kg/(m^3·d),TN 负荷去除率由第 25 天的 58.8%逐渐提高至 74.0%,提高了 15.2 个百分点,系统脱氮效能逐渐提高,污泥活性开始恢复。

3.5.1.3　低温条件下 Fe^{2+} 对化学计量比变化的影响

15 ℃时 Fe^{2+} 作用下化学计量比变化如图 3-53 所示。由图可见,亚硝态氮消耗量/氨氮消耗量先上升后下降最后逐渐稳定。分析原因认为,前期由于投加 Fe^{2+},使得 Fe^{2+} 代替亚硝酸盐做电子供体,从而使亚硝态氮消耗量变小,最终导致亚硝态氮消耗量/氨氮消耗量小于 1.32。从第 25 天开始,投加 Fe^{2+} 浓度降低为 0.08 mmol/L,由于前期投加 Fe^{2+} 的积累抑制,使得厌氧氨氧化菌活性下降,导致氨氮和亚硝态氮消耗量下降,且氨氮消耗量明显降低,导致亚硝态氮消耗量/氨氮消耗量大于 1.32。第 25～60 天,反应器脱氮效果逐渐提高,但从化学计量比来看稳定性仍不理想。第 60～80 天,化学计量比逐渐趋于稳定。分析原因认为:高浓度 Fe^{2+} 的投加对厌氧氨氧化菌的活性产生了抑制,使得化学计量比波动较大,而低浓度的 Fe^{2+} 可以提高菌种的活性,使得化学计量比波动较小。

3.5.1.4　低温条件下 Fe^{2+} 对电导率变化的影响

15 ℃时 Fe^{2+} 作用下电导率变化如图 3-54 所示。由图可见,第 1 天,进水电导率值较小,为 3.1 mS/cm,出水电导率也较小,为 2 mS/cm,可以看出氮的去除效果较好。前 25 d,进水电导率值不断地升高,但菌种数量有限,其所能消耗的也有限,使得出水电导率也升高了,第 25 天时,进水的电导率为 5.1 mS/cm,出水的电导率为 3.8 mS/cm。出水电导率非常大说明反应器中厌氧氨氧化菌的活性受到低温的刺激影响抑制作用较为明显,活性较差。25 d 后,进水电导率值略有升高,在第 60～80 天,进水电导率基本保持不变,出水电导率开始有略微下降的趋势,说明厌氧氨氧化颗粒污泥的活性逐渐提高。第 80 天时,进水电导率为 5 mS/cm,出水电导率为 3.6 mS/cm。

在低温条件下,反应器的去除效果和污泥的浓度以及菌种活性有很大关系。出水电导率值越小,出水中的总溶解固体(TDS)越小,水中离子的浓度也越小,菌种脱氮效果越好。

3.5.1.5　低温条件下 Fe^{2+} 对 pH 值和 ORP 变化的影响

15 ℃时 Fe^{2+} 作用下 pH 值和 ORP 变化如图 3-55 和图 3-56 所示。由图可

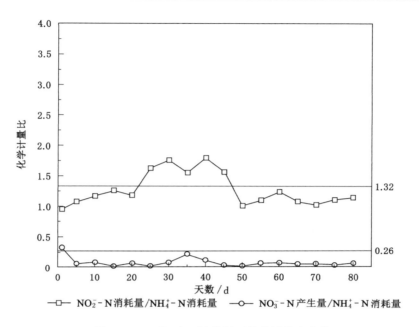

图 3-53　15 ℃时 Fe²⁺作用下化学计量比变化

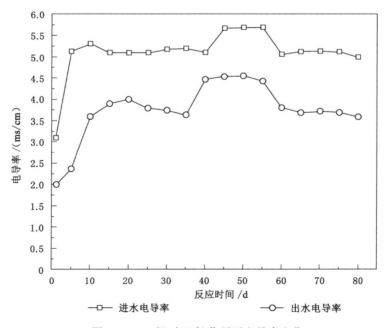

图 3-54　15 ℃时 Fe²⁺作用下电导率变化

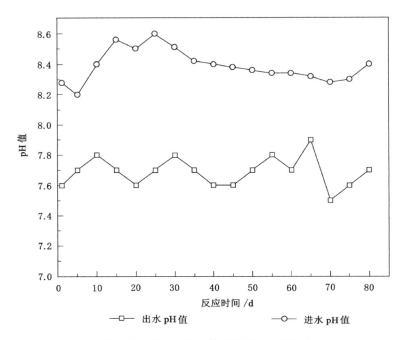

图 3-55　15 ℃时 Fe²⁺ 作用下 pH 值变化

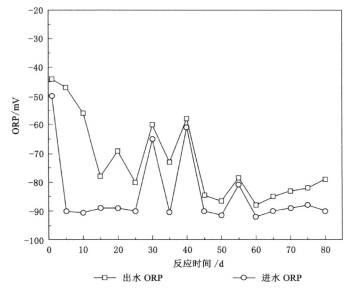

图 3-56　15 ℃时 Fe²⁺ 作用下 ORP 变化

见,前 25 d,进、出水 pH 值相差比较大。随着反应的进行,出水 pH 值更接近最适 pH 值范围 7.6~8.3。可以看出在 15 ℃低温条件下,要提高厌氧氨氧化菌的活性,也需要控制环境 pH 值处于最适范围。氧化还原电位和 pH 值变化基本一致,在试验前期氧化还原电位变化比较明显,经过一段时间的培养,进、出水氧化还原电位差距逐渐变小直至恢复正常水平。

低温条件下(15 ℃),投加 Fe^{2+} 具有累积效应,长期投加高浓度的 Fe^{2+} 对菌种活性产生抑制作用,反应器脱氮效能变差,而投加适宜浓度的 Fe^{2+} 可以调节环境的 pH 值,使厌氧氨氧化菌处于最适 pH 值环境条件,同时还能控制溶液中氧化还原电位处于最适条件,为厌氧氨氧化菌提供稳定的环境。

3.5.1.6 低温条件下 Fe^{2+} 对颗粒污泥性状的影响

反应开始时,反应器中厌氧氨氧化菌为鲜红色。当进水 Fe^{2+} 投加浓度为 0.16 mmol/L 时,随着反应的连续进行,厌氧氨氧化的脱氮效能开始逐渐下降,反应器底部污泥颜色也开始发生改变,由红色逐渐变为灰白色,并且颗粒污泥尺寸不断变大,在 2~4 mm。这说明在长期培养过程中大量 Fe^{2+} 被厌氧氨氧化污泥吸附,并存在持续累积作用,其与蛋白质结合,使细胞内的蛋白质发生变性,最终导致菌种的活性受到抑制,反应器脱氮效果变差。上浮颗粒污泥数量与未投加 Fe^{2+} 时相差不多。

进水 Fe^{2+} 投加浓度变为 0.08 mmol/L 后,取反应器中底部厌氧氨氧化颗粒污泥进行观察,发现污泥尺寸变小,呈球状或椭球状。由于 Fe^{2+} 浓度降低,金属离子的抑制作用减弱,反应器底部颗粒污泥逐渐恢复为红色。上浮颗粒污泥尺寸保持不变(2~4 mm),上浮颗粒污泥数量比投加 Fe^{2+} 浓度为 0.16 mmol/L 时增多,说明厌氧氨氧化菌活性逐渐恢复,系统脱氮效能逐渐提高。上浮颗粒污泥颜色为红色。

3.5.2 信号分子对厌氧氨氧化活性及沉降性的长期影响

采用 3.1.2.2 介绍的 UASB 反应器进行连续流试验,控制进水氨氮浓度为 167~183 mg/L,进水亚硝态氮浓度为 172~226 mg/L,向进水中投加 20 mL 浓度为 1.67 mg/L 的 3-oxo-C8-HSL。

3.5.2.1 低温条件下 3-oxo-C8-HSL 对脱氮效能的影响

如图 3-57 所示,运行的前 15 d 里,进水氨氮浓度控制在(170±3) mg/L,进水亚硝态氮浓度为 172~222 mg/L,氨氮去除率为 83%~94%,亚硝态氮去除率为 85%~99%。前 15 d 波动比较明显,在接下来的 65 d,保持进水氨氮负荷和亚硝态氮负荷不变,测得出水氨氮浓度为(9±5) mg/L,氨氮去除率非常高且

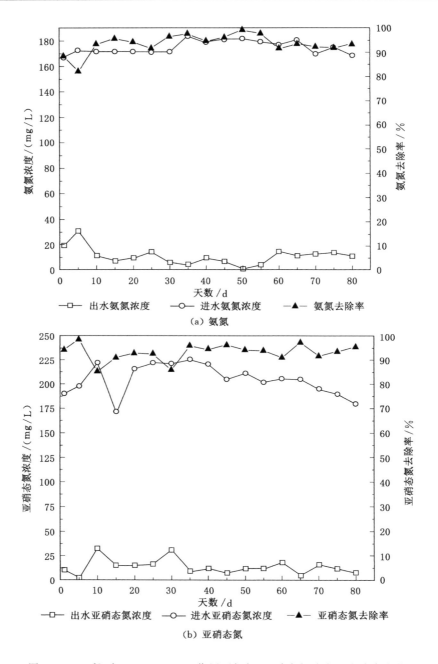

（a）氨氮

（b）亚硝态氮

图 3-57　15 ℃时 3-oxo-C8-HSL 作用下氨氮、亚硝态氮浓度及去除率变化

保持稳定,为 91.7%～99.3%;出水亚硝态氮浓度除了第 30 天为 30.9 mg/L 以外,其余时间均保持在 18 mg/L 以下,亚硝态氮去除率除第 30 天为 86%,其他时间都保持在 91%以上。可见,投加 3-oxo-C8-HSL 期间保证了氨氮和亚硝态氮的高效去除。

试验中发现:在低温条件下,与投加 Fe^{2+} 相比,投加适宜浓度的 3-oxo-C8-HSL 确实能提高厌氧氨氧化菌的活性,增加厌氧氨氧化菌种的数量,使反应系统处于稳定的状态,提高反应系统的脱氮效率和耐冲击负荷的能力。

3.5.2.2 低温条件下 3-oxo-C8-HSL 对氮负荷变化的影响

15 ℃时 3-oxo-C8-HSL 作用下氮负荷变化如图 3-58 所示。由图可见,在第 1～15 天,控制反应器进水氨氮负荷为 0.8～0.9 kg/(m³·d),控制进水亚硝态氮负荷为 0.85～1.15 kg/(m³·d),总氮容积负荷为 1.9～2.2 kg/(m³·d),总氮去除负荷为 1.5～1.8 kg/(m³·d),总氮去除率略有波动,为 79%～85%。

第 15～80 天,进水氨氮负荷控制为 0.8～1.0 kg/(m³·d),进水亚硝态氮负荷控制为 0.9～1.2 kg/(m³·d),TN 容积负荷为 1.9～2.4 kg/(m³·d),TN 去除负荷为 1.5～2.0 kg/(m³·d),TN 去除率保持在 81%～87%,明显比投加 Fe^{2+} 时提高。在第 55 天时,进水 TN 容积负荷为 2.08 kg/(m³·d),TN 去除负荷为 1.8 kg/(m³·d),TN 去除率达到了 87%,比第 1 天的 81.7%提高了 5.3 个百分点,可见投加 3-oxo-C8-HSL 可以使系统脱氮效能逐渐提高,菌种活性开始恢复。

3.5.2.3 低温条件下 3-oxo-C8-HSL 对化学计量比变化的影响

15 ℃时 3-oxo-C8-HSL 作用下化学计量比变化如图 3-59 所示。由图可见,在反应的前 15 d 里,亚硝态氮消耗量/氨氮消耗量有些许的波动,但都是在 1.1 左右摇摆。硝态氮产生量/氨氮消耗量比值较小,可见产生硝态氮的浓度较小。在第 15～80 天,亚硝态氮消耗量/氨氮消耗量逐渐趋于稳定,保持在 1.1 左右,硝态氮产生量/氨氮消耗量一直都比较稳定,保持在 0.08±0.03。综上,说明在 15 ℃时,添加 3-oxo-C8-HSL 可以保证厌氧氨氧化反应器长期稳定运行,提高菌种的活性以及沉降性,抵抗低温带来的不利影响。

3.5.2.4 低温条件下 3-oxo-C8-HSL 对电导率变化的影响

15 ℃时 3-oxo-C8-HSL 作用下电导率变化如图 3-60 所示。由图可见,第 1 天,进水电导率值较大,为 5.16 mS/cm,出水电导率值也较大,为 3.83 mS/cm。第 5 天,进水电导率值下降为 4.12 mS/cm,出水电导率值下降为 3.34 mS/cm。第 5～25 天,随着进水电导率值升高,出水电导率值基本保持不变,说明反应器

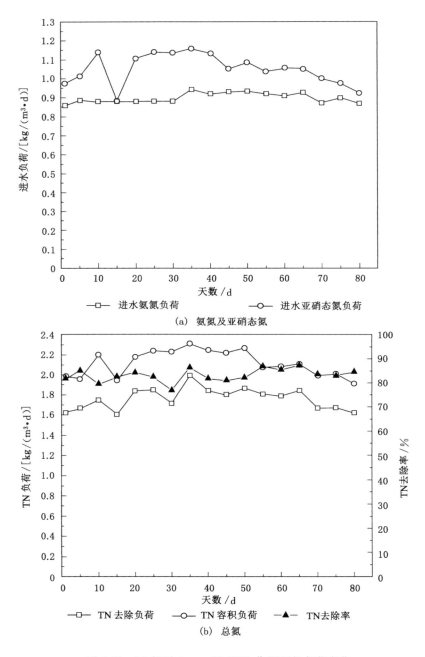

（a）氨氮及亚硝态氮

（b）总氮

图 3-58　15 ℃时 3-oxo-C8-HSL 作用下氮负荷变化

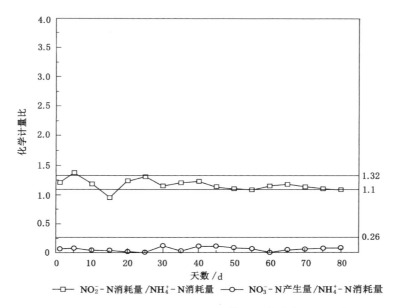

图 3-59　15 ℃时 3-oxo-C8-HSL 作用下化学计量比变化

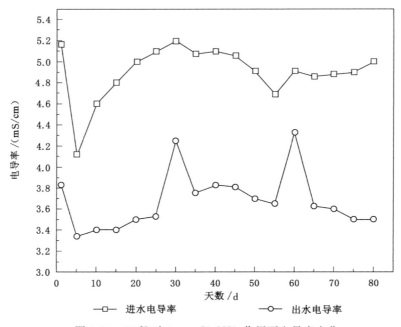

图 3-60　15 ℃时 3-oxo-C8-HSL 作用下电导率变化

中厌氧氨氧化颗粒污泥活性略有提高。第25天之后，进水电导率值基本没有变化，出水电导率值有逐渐下降的趋势。除了在第30天和第60天的时候，其余时间进水电导率值基本不变，但出水电导率值明显提高，分析认为与这两天温度下降到13 ℃有关。温度降低至15 ℃以下时，菌种活性明显下降，所以需要长时间投加3-oxo-C8-HSL，以保证菌种产生低温抵抗性，并且需要降低进水氨浓度以及增大水力停留时间，以保证氮的有效去除。

在低温条件下，反应器的去除效果也和污泥的浓度以及活性有很大关系。电导率越小，TDS越小，水中离子浓度越小，菌种活性越好。

3.5.2.5　低温条件下 3-oxo-C8-HSL 对 pH 值和 ORP 变化的影响

15 ℃时 3-oxo-C8-HSL 作用下 pH 值和 ORP 变化如图 3-61 和图 3-62 所示。由图可见，第 1 天，进水 pH 值与出水 pH 值相差不多，分别为 8.53 和 8.64。第 5～25 天，进、出水 pH 值相差逐渐增大。随着反应的进行，出水 pH 值更接近最适范围 7.6～8.3。中间有一段时间进、出水 pH 值都较大，之后又恢复到最适范围。氧化还原电位的变化趋势和 pH 值基本一致，在试验中期氧化还原电位较小，经过一段时间的培养，其出水氧化还原电位逐渐增大，又恢复到正常水平。

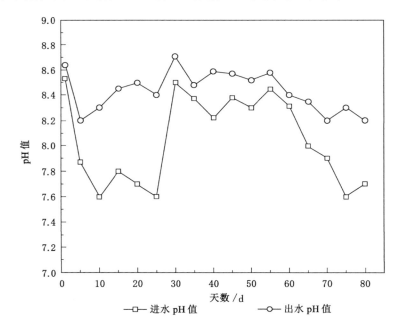

图 3-61　15 ℃时 3-oxo-C8-HSL 作用下 pH 值变化

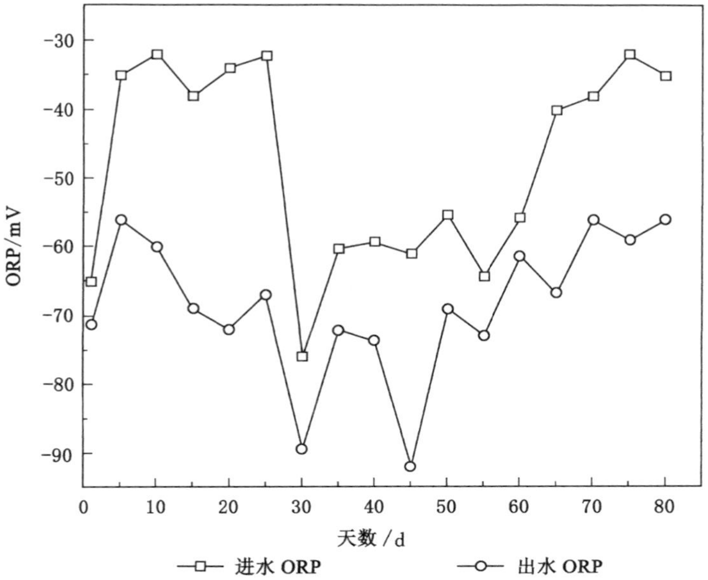

图 3-62　15 ℃时 3-oxo-C8-HSL 作用下 ORP 变化

综上,低温条件下(15 ℃),投加 3-oxo-C8-HSL 可以调节环境中的 pH 值,使厌氧氨氧化菌处于最适酸碱环境,同时还能控制溶液中氧化还原电位处于最适条件,为厌氧氨氧化菌提供稳定的环境。

3.5.2.6　低温条件下 3-oxo-C8-HSL 对颗粒污泥性状的影响

15 ℃时 3-oxo-C8-HSL 作用下颗粒污泥性状如图 3-63 所示。本阶段试验结束后,从反应器中取出 15 ℃时 3-oxo-C8-HSL 作用下的厌氧氨氧化颗粒污泥进行观察,发现底部厌氧氨氧化颗粒污泥尺寸明显增大,呈球状或椭球状,颜色逐渐由白色恢复为深红色;上浮颗粒污泥尺寸明显增大,为 2～4 mm,而且上浮颗粒污泥数量比投加 Fe^{2+} 时增多,颜色转为鲜红色。

15 ℃低温条件下,上浮颗粒污泥数量增多可能有以下两点原因:① 由于在低温条件下投加 3-oxo-C8-HSL,增强了菌种对不利环境的抵抗性,提高了厌氧氨氧化菌种的活性,进而提高了颗粒污泥对氮的利用率,从而使得更多的厌氧氨氧化菌进行厌氧氨氧化反应,产生氮气量明显增多,在污泥颗粒中无法排出,导致上浮颗粒污泥数量增加。② 低温条件下(15 ℃)添加 3-oxo-C8-HSL,可能导致菌种产生更多的 EPS,EPS 具有黏结性,使颗粒与颗粒之间相互聚集,菌种产

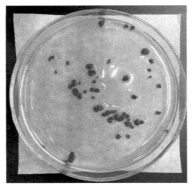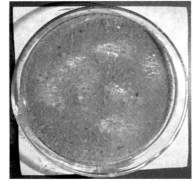

图 3-63　15 ℃时 3-oxo-C8-HSL 作用下颗粒污泥形态

生的氮气无法顺利排出，聚集在气体孔道内部，从而使颗粒污泥密度变小，最终导致上浮数量比投加 Fe^{2+} 时增多。

3.5.3　低温胁迫下 Fe^{2+} 和信号分子对 MLSS、MLVSS 及 MLVSS/MLSS 变化的影响

15 ℃时 MLSS、MLVSS 及 MLVSS/MLSS 变化如图 3-64 所示。由图可以看出，在 15 ℃未投加外源物质阶段，沉泥 MLSS 为 2 941.67 mg/L，MLVSS 为 2 066.67 mg/L，MLVSS/MLSS 为 0.703。在初期投加 Fe^{2+} 浓度为 0.16 mmol/L 阶段，沉泥 MLSS 为 3 583.33 mg/L，MLVSS 为 3 450 mg/L，MLVSS/MLSS 为 0.963。在投加 Fe^{2+} 浓度为 0.08 mmol/L 阶段，沉泥 MLSS 为 2 991.67 mg/L，MLVSS 为 2 441.67 mg/L，MLVSS/MLSS 为 0.816。在投加 3-oxo-C8-HSL 阶段，沉泥 MLSS 为 6 033.33 mg/L，MLVSS 为 4 725 mg/L，MLVSS/MLSS 为 0.783。

可以看出，投加外源物质尤其是投加信号分子之后，MLSS、MLVSS 均有所提高，投加外源物质的 MLVSS/MLSS 大于未投加外源物质的 MLVSS/MLSS，说明污泥活性好于未投加时。刚开始投加 Fe^{2+} 时，厌氧氨氧化菌受到刺激，活性明显提升，随着 Fe^{2+} 投加浓度减小，有机成分略有下降，但菌种活性仍高于未投加时的菌种活性。投加 3-oxo-C8-HSL 后，菌种活性也高于未投加时的活性。

3.5.4　低温胁迫下 Fe^{2+} 和信号分子对蛋白质、多糖及 PS/PN 变化的影响

15 ℃时蛋白质、多糖及 PS/PN 的变化如图 3-65 所示。由图可以看出，随着反应的进行，投加外源物质后，胞外聚合物浓度提高，污泥中的蛋白质含量有明显的提高，多糖含量略微有点下降。在 15 ℃未投加外源物质阶段，胞外聚合

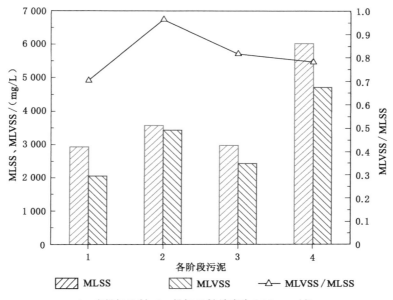

1—未投加 Fe^{2+}；2—投加 Fe^{2+} 浓度为 0.16 mmol/L；

3—投加 Fe^{2+} 浓度为 0.08 mmol/L；4—投加 3-oxo-C8-HSL。

图 3-64　15 ℃时 MLSS、MLVSS 及 MLVSS/MLSS 变化

物中蛋白质含量为 42.3 mg/g，多糖含量为 18.4 mg/g，PS/PN 为 0.435。在初期投加 Fe^{2+} 浓度为 0.16 mmol/L 阶段，胞外聚合物中蛋白质含量明显提高，提高至 114.3 mg/g，多糖含量降低至 11.8 mg/g，PS/PN 降低至 0.103。在投加 Fe^{2+} 浓度为 0.08 mmol/L 阶段，蛋白质含量为 65.0 mg/g，多糖含量为 13.5 mg/g，PS/PN 为 0.208。在投加 3-oxo-C8-HSL 阶段，蛋白质含量为 41.6 mg/g，多糖含量为 14.2 mg/g，PS/PN 为 0.341。

　　可以看出，投加外源物质之后，胞外聚合物浓度提高，蛋白质含量明显提高，多糖含量下降，PS/PN 先减小后增大。刚开始投加 Fe^{2+} 浓度为 0.16 mmol/L 时，菌种的活性受到了刺激，产生蛋白质含量增多，多糖含量下降，污泥的活性以及沉降性较好。但随着反应的进行，由于 Fe^{2+} 的积累作用，导致菌种的活性下降，产生蛋白质的含量逐渐减少，多糖含量略有提高，所以在投加 Fe^{2+} 浓度为 0.08 mmol/L 时污泥活性以及沉降性略有下降。在投加 3-oxo-C8-HSL 阶段，与未投加外源物质时相比，蛋白质含量基本不变，但是多糖含量降低，导致 PS/PN 减小，污泥活性比未投加时略有提高，沉降性能有所提高，反应器脱氮效能较高且保持稳定。

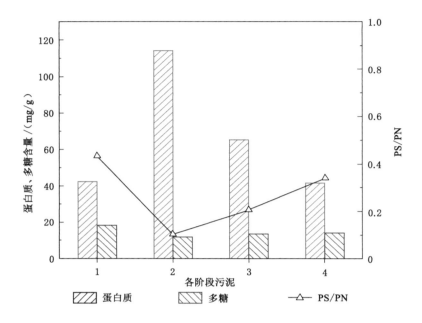

1—未投加 Fe^{2+}；2—投加 Fe^{2+} 浓度为 0.16 mmol/L；3—投加 Fe^{2+} 浓度为 0.08 mmol/L；
4—投加 3-oxo-C8-HSL。

图 3-65　15 ℃时蛋白质、多糖及 PS/PN 的变化

3.6　结论与展望

3.6.1　结论

本试验采用 UASB 反应器启动厌氧氨氧化反应,通过接种实验室培养成熟的厌氧氨氧化颗粒污泥和二沉池回流污泥的混合污泥,以实现厌氧氨氧化的快速启动。待厌氧氨氧化反应启动成功后,通过提高进水基质负荷的方式富集厌氧氨氧化菌。通过测定反应过程中氮的去除情况分析厌氧氨氧化菌的活性,通过测定 EPS 中蛋白质与多糖的含量分析其沉降性。待反应器中的污泥活性恢复一定的时间以后,对反应器开始进行缓慢的降温处理,研究降温过程中反应器中厌氧氨氧化污泥活性以及沉降性的变化情况。取低温(15 ℃)条件下 UASB 反应器中厌氧氨氧化污泥进行批式试验,通过向基质中投加不同种类、不同浓度的金属离子以及不同浓度的 3-oxo-C8-HSL 来考察其对厌氧氨氧化的影响,通过批式试验分析得出促进作用最明显的金属离子和 3-oxo-C8-HSL 浓度并进行下一阶段的连续流试

验,测定反应器的长期脱氮效果。

本章分别通过批式试验和连续流试验考察了低温条件下金属离子和信号分子对厌氧氨氧化反应脱氮效能、电导率、pH 值、ORP 值和 EPS 等的影响,旨在研究低温条件下提高厌氧氨氧化污泥活性以及沉降性的方法,主要结论如下:

(1) 在 UASB 反应器中,通过接种驯化成熟的厌氧氨氧化颗粒污泥与二沉池回流污泥的混合污泥,经过 132 d 的快速培养,氨氮去除率已经达到 99.2%,亚硝态氮去除率达到 99% 以上。厌氧氨氧化菌种占据优势地位,实现了厌氧氨氧化的快速启动。活性稳定期总氮去除率达 84%~92%,进水总氮容积负荷提高至1.8~2.4 kg/(m³·d)时,总氮去除负荷达 1.5~2.2 kg/(m³·d),反应器中颗粒污泥逐渐增多,颜色为鲜艳的红色,粒径在(2±1) mm。通过测得启动时 EPS 中的蛋白质与多糖的产生及存在量,发现 EPS 的浓度也在逐渐提高,蛋白质含量明显提高,多糖含量下降,PS/PN 逐渐减小。

(2) 对培养成熟的厌氧氨氧化菌进行逐渐降温然后培养,温度按规定设定为30 ℃、25 ℃、20 ℃、15 ℃,然后培养了大约 210 d,在从 35℃ 逐渐降低到20℃的试验中,出水氮浓度非常低,可以看出脱氮效果较好,说明在降温过程中,由于前期培养时间长,富集厌氧氨氧化菌的浓度大且菌种活性也非常好,厌氧氨氧化菌抵抗低温冲击性较好,厌氧氨氧化反应系统脱氮效能稳定。在15 ℃时,厌氧氨氧化菌的脱氮性能受到了影响,反应器的脱氮效率也下降了许多。

(3) 通过投加金属离子和信号分子对厌氧氨氧化反应进行批式试验,结果发现,在 15 ℃低温条件下投加 Fe^{2+},当 Fe^{2+} 浓度为 0.16 mmol/L、0.24 mmol/L 时对厌氧氨氧化活性有促进作用,当 Fe^{2+} 浓度为 0.08 mmol/L、0.32 mmol/L 时对厌氧氨氧化活性有抑制作用;在 15 ℃ 低温条件下投加 Cu^{2+},当 Cu^{2+} 浓度为0.05 mmol/L 时对厌氧氨氧化活性有促进作用,当 Cu^{2+} 浓度为 0.1 mmol/L、0.15 mmol/L、0.2 mmol/L 时对厌氧氨氧化活性有抑制作用;在 15 ℃低温条件下投加 Zn^{2+},当 Zn^{2+} 浓度为0.04 mmol/L、0.08 mmol/L、0.12 mmol/L、0.16 mmol/L时对厌氧氨氧化活性没有促进作用。结果表明:投加 Fe^{2+} 菌种的活性和脱氮效果好于投加 Cu^{2+},投加 Zn^{2+} 并不能提高厌氧氨氧化菌的活性;投加 3-oxo-C8-HSL可以提高厌氧氨氧化菌的活性。

(4) 向 UASB 连续流反应器中先后投加浓度为 0.16 mmol/L 和 0.08 mmol/L的 Fe^{2+},长期运行结果发现,在投加 Fe^{2+} 浓度为 0.16 mmol/L 下运行一段时间后,由于 Fe^{2+} 的累积作用使菌种受到明显的抑制。之后降低进水 Fe^{2+} 浓度为

0.08 mmol/L,厌氧氨氧化反应器脱氮效果得到恢复。向 UASB 连续流反应器中投加浓度为 1.67 mg/L 的 3-oxo-C8-HSL 20 mL,厌氧氨氧化菌活性得到提高,且对厌氧氨氧化反应促进效果良好,总氮去除率高达 87%。

3.6.2 展望

本研究采用 UASB 反应器对厌氧氨氧化污泥进行培养驯化,实现厌氧氨氧化的快速启动,后在逐渐降温过程中对厌氧氨氧化污泥活性及其沉降性能进行分析,并在 15 ℃低温条件下投加金属离子和信号分子对厌氧氨氧化进行批式试验以及连续流试验。创新点在于在低温条件下在培养瓶中进行不同种类、不同浓度金属离子的批式试验,并通过测定进出水氨氮浓度以及环境条件变化分析厌氧氨氧化菌的活性,通过测定蛋白质与多糖含量以及两者之间的关系分析对厌氧氨氧化菌沉降性的影响。针对本次试验过程及结果,建议如下:

(1)本批式试验中,由于条件有限,只检测了氮素、电导率、pH 值、氧化还原电位、蛋白质和多糖等,应进一步考察反应瓶内其他运行参数的变化,如脱氢酶活性、比厌氧氨氧化活性等。

(2)本试验只进行了低温条件下厌氧氨氧化污泥的活性以及沉降性的研究,下一阶段应对厌氧氨氧化污泥进行高通量测序并分析微生物群落结构组成及其之间的相互关系。

(3)由于进水采用的是人工模拟配水,与实际的污水存在差异,下一阶段应该将此技术投入实际生产应用,考察其在实际生产过程中的脱氮效能、菌种活性以及反应器是否可以稳定运行等。

参考文献

[1] 郭静波,马放,赵立军,等.佳木斯东区污水处理厂 SBR 工艺的低温快速启动[J].给水排水,2007,33(5):13-17.

[2] 刘淑丽,李建政,金羽.低温 SBR 系统活性污泥硝化效能的 pH 调控[J].哈尔滨工业大学学报,2014,46(6):39-43.

[3] 王然登,郭安,李硕,等.颗粒/絮体共存的生物除磷系统的特性研究[J].中国给水排水,2015,31(13):4-9.

[4] 国家环境保护总局《水和废水监测分析方法》编委会.水和废水监测分析方法[M].4 版.北京:中国环境科学出版社,2002.

[5] 宁小芳.厌氧氨氧化系统启动及活性影响因子研究[D].徐州:中国矿业大

学,2017.

[6] MOLINUEVO B,GARCÍA M C,KARAKASHEV D,et al.Anammox for ammonia removal from pig manure effluents:effect of organic matter content on process performance[J].Bioresource technology,2009,100(7): 2171-2175.

[7] CHEN J W,JI Q,ZHENG P,et al.Floatation and control of granular sludge in a high-rate anammox reactor[J].Water research,2010,44(11): 3321-3328.

[8] 张蕾,郑平,胡安辉.铁离子对厌氧氨氧化反应器性能的影响[J].环境科学学报,2009,29(8):1629-1634.

[9] 张黎,胡筱敏,姜彬慧,等.亚铁离子对厌氧氨氧化反应器脱氮性能的影响[J].东北大学学报(自然科学版),2015,36(12):1753-1756.

[10] 李祥,黄勇,巫川,等.Fe^{2+} 和 Fe^{3+} 对厌氧氨氧化污泥活性的影响[J].环境科学,2014,35(11):4224-4229.

[11] 荣宏伟,李健中,张可方.铜对活性污泥微生物活性影响研究[J].环境工程学报,2010,4(8):1709-1713.

[12] 朱莉,李祥,黄勇,等.铜离子对厌氧氨氧化脱氮效能的影响[J].环境工程学报,2013,7(11):4361-4366.

[13] 李祥,黄勇,刘福鑫,等.铜、锌离子对厌氧氨氧化污泥脱氮效能的影响[J].中国环境科学,2014,34(4):924-929.

[14] 巫川,李祥,王孟可,等.锌离子对厌氧氨氧化脱氮效能的影响[J].环境科技,2014,27(4):40-43.

[15] 杨洋,左剑恶,沈平,等.温度、pH 值和有机物对厌氧氨氧化污泥活性的影响[J].环境科学,2006,27(4):691-695.

[16] 李亚峰,马晨曦,张驰.UASBB 厌氧氨氧化反应器处理污泥脱水液的影响因素研究[J].环境科学,2014,35(8):3044-3051.

第 4 章　低温胁迫下 ZVI 及 Fe-C 颗粒对厌氧氨氧化脱氮效能影响试验研究

4.1　试验材料与方法

4.1.1　试验材料

4.1.1.1　试验材料与试剂

（1）ZVI 预处理。

铁粉预处理：取 0.1 mol/L 的盐酸浸泡 ZVI 15 min，洗去铁粉表面的氧化物，随后用蒸馏水润洗直至浸出液呈中性，放置于烘箱中于 105 ℃烘干后，将结块部分研磨至粉末状后备用。

（2）Fe-C 颗粒的制备。

分别按照 Fe∶C 为 3∶1、1∶3、2∶1、1∶2、1∶1 取适量的铁粉（预处理后的）与活性炭粉末混合均匀，加入适量碳酸钙（作为催化剂）以及膨润土，以 Fe∶C 为 3∶1 的样品为例，铁粉∶活性炭∶膨润土∶碳酸钙＝6∶2∶1.5∶0.5，随后每 10 g 样品加入 1 g 羧甲基纤维素钠（作为致孔剂）。混合均匀后加入适量蒸馏水，制成直径约为 1 cm 的球形，放入烘箱烘干（105 ℃，2 h）。烘干后，置于 100 mL 坩埚中，用活性炭粉末隔绝空气，放置于马弗炉中在 600 ℃条件下烧制 2 h 后，取出晾至室温，将多余活性炭粉末去除备用，制成颗粒如图 4-1 所示。

试验前，将 Fe-C 颗粒浸泡于试验用水中 6～8 h，以消除 Fe-C 颗粒吸附作用带来的影响。

（3）试验使用的主要试剂列于表 4-1。

4.1.1.2　试验设备仪器

试验中所用设备仪器列于表 4-2。

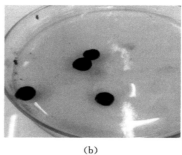

(a)　　　　　　　　　　　　　(b)

图 4-1　Fe-C 颗粒

表 4-1　试验使用的主要试剂

名称	质量	厂商
氯化铵	500 g	天津市瑞金特化学品有限公司
亚硝酸钠	500 g	天津市瑞金特化学品有限公司
碳酸氢钠	500 g	天津市瑞金特化学品有限公司
无水氯化钙	500 g	天津奥普升化工有限公司
硫酸镁	500 g	天津市瑞金特化学品有限公司
磷酸二氢钾	500 g	天津市瑞金特化学品有限公司
还原铁粉	500 g	天津市恒兴化学试剂制造有限公司
碳酸钙	500 g	天津奥普升化工有限公司
活性炭粉末	500 g	天津市福晨化学试剂厂
膨润土	500 g	上海麦克林生化科技有限公司
羧甲基纤维素钠	500 g	天津市恒兴化学试剂制造有限公司

表 4-2　试验用主要设备仪器

名称	型号	厂商
电子天平	PTX-FA120	福州华志科学仪器有限公司
紫外可见分光光度计	T6 新世纪	北京普析通用仪器有限责任公司
电热鼓风干燥箱	GZX-9246MEB	上海博迅实业有限公司医疗设备厂
马弗炉	SX2-12-10	沈阳市长城工业电炉厂
恒温振荡培养箱	HZQ-X100	常州市华怡仪器制造有限公司
便携式 pH 计/电导率仪	SX711	上海三信仪表厂

表 4-2(续)

名称	型号	厂商
溶解氧仪	LDO101	
800 离心沉淀器	800	常州市江南实验仪器厂
离心机	DM0412	—
数显恒温水浴锅	HH-4	常州中捷实验仪器制造有限公司
蠕动泵 1	BT300M-YZ1515x	保定创锐泵业有限公司
蠕动泵 2	BT100A-YZ1515x	保定创锐泵业有限公司
数显温度计 1	XMD-200 型	上海瑞龙仪表有限公司
数显温度计 2		
电子万用炉	DL-1	北京市永光明医疗仪器有限公司
生物显微镜	XS-213	—

4.1.1.3 试验用水与接种污泥

本试验过程采用人工配水,以保证数据的稳定性和准确性。试验用水由 NH_4Cl 和 $NaNO_2$ 提供主要成分,控制进水 $\rho(NH_4^+-N):\rho(NO_2^--N)$ 大致为 $1:1.32$,进水 $\rho(NH_4^+-N)$ 和 $\rho(NO_2^--N)$ 控制在 $80\sim200$ mg/L。$\rho(NaHCO_3)$ 为 $1\ 000$ mg/L(后期根据试验条件调整),$\rho(MgSO_4\cdot7H_2O)$ 为 200 mg/L,$\rho(KH_2PO_4)$ 为 27.2 mg/L,$\rho(CaCl_2)$ 为 300 mg/L。

微量元素 Ⅰ 和 Ⅱ 各 1 mL/L。微量元素 Ⅰ 和 Ⅱ 组成成分见 3.1.1.3。

本试验中 UASB 反应器中的接种污泥,一部分由实验室已经驯化成熟的厌氧氨氧化颗粒污泥组成,另一部分由辽宁抚顺三宝屯污水处理厂二沉池回流污泥组成。

4.1.2 试验装置及试验方法

4.1.2.1 批式试验

批式试验用于快速鉴定厌氧氨氧化菌活性。将一定量培养成熟的厌氧氨氧化颗粒污泥等份装入 250 mL 反应瓶中,并配制一定浓度的 NH_4^+-N 和 NO_2^--N 溶液。批式试验中,每个反应瓶中曝一定时长的氮气以降低水中的 DO;为防止空气进入,用橡胶塞密封。放入振荡培养箱中,避光培养(控制温度为 $30\sim15$ ℃,转速为 $100\sim140$ r/min)。

4.1.2.2 连续流试验

连续流试验采用上流式厌氧污泥床(UASB)反应器,其中反应器 R1 添加 Fe-C

颗粒,反应器 R2 添加 ZVI。反应器 R1 结构如图 4-2(a)所示。反应器 R1 由有机玻璃制成,总有效体积为 7.3 L,沉淀区有效体积为 5.2 L,反应区体积为 2.1 L。反应区内径为 7 cm,外设 2 cm 厚套管实现水浴循环,控制反应区温度。反应器底部设有进水口和排泥口,柱身等距离设有 4 个取样口,方便样品采集工作。柱身采用黑色塑料包裹以避光,柱子顶端设有三相分离器防止污泥流失。反应器 R2 结构如图 4-2(b)所示。反应器 R2 由有机玻璃制成,总有效体积为 7 L,沉淀区有效体积为 5 L,反应区体积为 2 L。反应区内径为 7 cm,外设 2 cm 厚套管实现水浴循环,控制反应区温度,外面覆盖遮光材料避免阳光影响的同时也有一定的保温作用。反应器底部设有进水口和排泥口,柱身等距离设有 3 个取样口,方便样品采集工作。柱身外部采用黑色塑料包裹以避光,顶端设有三相分离器防止污泥流失。

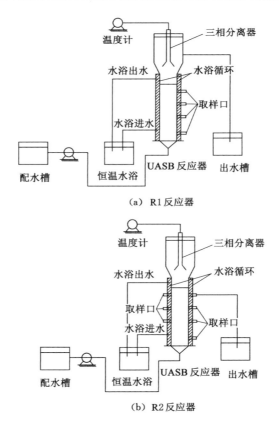

（a）R1反应器

（b）R2反应器

图 4-2　厌氧氨氧化反应器示意图

两个反应器均用氮气吹脱去除水中的溶解氧，进水流速通过蠕动泵调控。采用增大 NH_4^+-N 和 NO_2^--N 浓度或者缩短水力停留时间的方法提高进水氮负荷。进水桶中水每隔 1～2 d 更换一次，避免进水桶中氮元素之间相互转换而使配水成分发生改变。

厌氧氨氧化反应的最适温度一般在 30～35 ℃，当水温低于 15 ℃时，反应系统内微生物的活性明显下降[1]，因此本研究将厌氧氨氧化反应的最适温度设定为 30～35 ℃，最低温度设定为 15 ℃。温度由加热棒装置和制冷装置实时控制。

4.1.3 分析项目及测定方法

4.1.3.1 常规监测项目

常规水质指标的测定方法参照《水和废水监测分析方法》(第四版)[2]，见表 4-3。

表 4-3 分析指标及方法

监测指标	方法	仪器
NO_2^--N	N-(1-萘基)-乙二胺光度法	紫外分光光度计
NH_4^+-N	纳氏试剂分光光度法	紫外分光光度计
NO_3^--N	紫外分光光度法	紫外分光光度计
TN	碱性过硫酸钾消解法	紫外分光光度计
DO	仪器法	便携式溶解氧测定仪
pH/ORP/cond	仪器法	便携式 pH 计/电导率仪
MLSS/MLVSS	称重法	烘箱/马弗炉
SV_{30}	沉降法	量筒
EPS	离心法	离心机

4.1.3.2 胞外聚合物的提取与检测

胞外聚合物 EPS 的提取采用 NaOH 热提取法，具体方法如下：① 从 UASB 中取颗粒污泥混合液 12 mL，在 4 500 r/min 下离心 15 min；② 向污泥中加入生理盐水至标线后在 4 500 r/min 下离心 15 min，重复两次；③ 向污泥中加入生理盐水后，向混合液中滴入 1 mol/L 的 NaOH 共 2 滴，随后在 4 500 r/min 下离心 15 min；④ 放入 80 ℃的恒温水浴锅中加热 30 min，收集 EPS，随后降至室温；⑤ 上清液用 0.45 μm 玻璃纤维滤膜过滤后，收集备用。

蛋白质测定采用考马斯亮蓝标准方法：取用 0.45 μm 玻璃纤维滤膜过滤后

溶液 1 mL 于试管中,向试管中加入 3 mL 考马斯亮蓝标准溶液,静置 15 min 后,置于波长为 595 nm 的分光光度计中测吸光度值,根据标准曲线计算实际样品的浓度值。

多糖测定方法为蒽酮比色法:取用 0.45 μm 玻璃纤维滤膜过滤后溶液 1 mL 于试管中,向试管中加入 6 mL 蒽酮溶液,置于 100 ℃ 恒温水浴锅中水浴 15 min,然后立即取出置于冰水中冷却 15 min,随后置于波长为 625 nm 的分光光度计中测吸光度值,根据标准曲线计算实际样品的浓度值。

4.1.3.3　扫描电镜观察

通过扫描电子显微镜(SEM)对厌氧氨氧化颗粒污泥进行观察,可以了解厌氧氨氧化颗粒污泥的菌种形态、数量以及表面结构。扫描电镜下厌氧氨氧化菌分布情况十分直观,可以具体了解细菌之间的分布规律。扫描电镜样品制备方法和步骤详见文献[3]。

4.2　厌氧氨氧化工艺启动及逐渐降温驯化

4.2.1　厌氧氨氧化反应器启动

一般情况下,厌氧氨氧化菌的富集过程大致会经历 4 个阶段:菌体自溶阶段;活性迟滞阶段;活性提升阶段;稳定运行阶段。由厌氧氨氧化反应的计量式可以看出,厌氧氨氧化反应所消耗的 NH_4^+-N 和 NO_2^--N 的摩尔比值约为 1:1.32,故而可以将基质比 NO_2^--N/NH_4^+-N≈1.32±0.2 作为是否成功富集厌氧氨氧化菌的标志。

4.2.1.1　厌氧氨氧化反应器启动及稳定运行时脱氮效能变化

如图 4-3~图 4-5 所示,二沉池污泥与成熟厌氧氨氧化颗粒污泥混合后,经过 122 d 的驯化培养,TN 的去除负荷最高达到 1.954 kg/(m³·d),反应器启动成功。

（1）菌体自溶阶段

启动初期进水 NO_2^--N 和 NH_4^+-N 浓度均控制在 80 mg/L 左右,配水量为 50 L。0~11 d 为菌体自溶阶段,出水 NO_2^--N 浓度有逐渐降低的趋势,NO_2^--N 的去除率从 45.87% 升至 94.98%,而 NH_4^+-N 的出水浓度一直高于进水浓度。分析认为,在污泥从污水厂取回经曝气处理后置于 UASB 反应器后,由于突然置于缺氧环境中好氧微生物的活性受到了抑制,并且由于环境中不再有碳源的存在,一些自养菌无法适应缺氧环境而死亡解体,产生了氨化现象,释放出原本

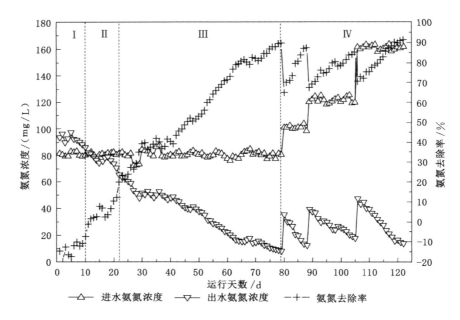

图 4-3　反应器中氨氮浓度及去除率变化

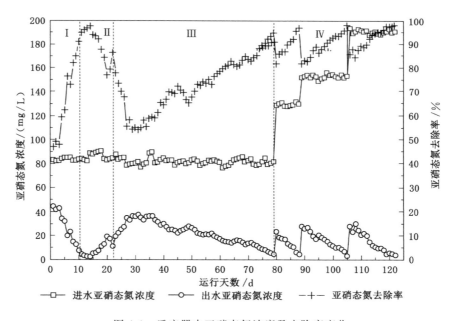

图 4-4　反应器中亚硝态氮浓度及去除率变化

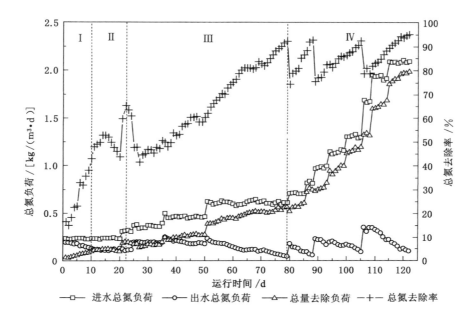

图 4-5　反应器中总氮负荷及去除率变化

储存在细胞内部的氮元素,所以在初期会出现氨氮的出水浓度大于进水浓度的情况。在启动初期,污泥中所含的微生物种类较多,如硝化细菌、反硝化细菌等,而在初期投加的外源有机碳(葡萄糖)正好被反硝化细菌利用,以 NO_2^--N 为电子受体发生反硝化作用,因此初期 NO_2^--N 去除效果较好,在第 8 天就可以达到81.89%。闫刚等人[11]采用 MBR 反应器启动厌氧氨氧化工艺,在初期(1~13 d)也出现出水 NH_4^+-N 浓度明显大于进水 NH_4^+-N 浓度,出水 NO_2^--N 浓度较低的情况,与本试验现象一致。

(2)活性迟滞阶段

从第 12 天开始,NH_4^+-N 的出水浓度开始小于进水浓度,随后 NH_4^+-N 的去除率逐渐升高,最后在第 22 天达到了 19.88%。但 NO_2^--N 的去除率略微下降,从 95% 左右降到了 77% 左右。分析认为,这是由于厌氧氨氧化菌出现富集的原因,由于培养时间较短并没有形成良好的细胞丰度,并且由于外源有机碳的投加,反硝化菌还处于优势状态,所以 NO_2^--N 的去除率出现略微下降的情况,但 NH_4^+-N 开始有一定的去除。

(3)活性提升阶段

从第 22 天开始,停止投加外源有机碳,对污泥继续进行培养。在此阶段中 NH_4^+-N 的去除率稳定上升,从第 23 天的 23.14％ 上升至第 79 天的 89.66％。NO_2^--N 的去除率出现先下降再升高的情况,在第 23 天到第 31 天,NO_2^--N 的去除率由 77.78％ 降至 54.15％,随后又逐渐上升,在第 76 天 NO_2^--N 去除率突破 90％,在第 79 天达到 94.82％。分析认为,由于停止投加葡萄糖,反硝化细菌逐渐失去优势,而厌氧氨氧化菌不断富集,在阶段后期,厌氧氨氧化菌成为系统内的优势种群,出水 NO_2^--N 浓度先升高再下降恰恰体现了厌氧氨氧化菌的富集过程。该阶段末期 NO_2^--N 与 NH_4^+-N 的去除率逐渐提升,反应器的去除负荷也很稳定,反应器环境的 pH 值为 7.8～8.3,反应器的脱氮效能达到饱和状态。而两种主要代谢产物的同时去除,正是厌氧氨氧化工艺启动成功的标志之一。

(4) 稳定运行阶段

经过 79 d 的驯化培养后,配水比例调整为 NH_4^+-N：NO_2^--N≈1：1.32,并在 NO_2^--N 和 NH_4^+-N 的去除率大致接近 90％ 后进行一次水力负荷的提升,分别在第 80 天将进水 NO_2^--N 和 NH_4^+-N 浓度调升为 130 mg/L 和 100 mg/L,在第 89 天将进水 NO_2^--N 和 NH_4^+-N 浓度调升为 150 mg/L 和 120 mg/L,在第 106 天将进水 NO_2^--N 和 NH_4^+-N 浓度调升为 190 mg/L 和 160 mg/L。在提升负荷的过程中,细菌需要逐渐适应,所以提升负荷后去除率略有反复,NO_2^--N 的去除率一直高于 NH_4^+-N 的去除率。分析认为,这是由于系统内虽然成功富集了厌氧氨氧化细菌,但并不是纯种的厌氧氨氧化细菌,而是氨氧化菌 AOB 与亚硝酸盐氧化菌 NOB 共存,并存在一定的竞争关系。从反应器的脱氮效能来看,当进水 TN 浓度为 2.094 kg/(m³·d)时,TN 的去除率可以达到 95.08％,反应器在高负荷的条件下脱氮效能良好。

4.2.1.2 厌氧氨氧化反应器工艺启动阶段污泥形态变化

在启动阶段反应器运行期间,污泥出现过上浮的情况,驯化初期相对比较严重,且上浮污泥多为絮状污泥,分析认为存在不适应更换环境菌体出现死亡的情况,将部分无法再次下沉的污泥捞出放弃。随着运行时间不断地增长,在污泥状态不错活性较大的时候,通过调整水力停留时间(HRT)增大反应器的负荷时,会出现一定程度的污泥上浮情况,分析认为这是由于进水水力的改变,较为松散的污泥被水流冲上水面的原因,经过处理污泥可以再次沉到反应器底部。进水水流剪切力有利于颗粒污泥的形成,而颗粒污泥的沉降性要远远优于絮状污泥。

对上浮污泥进行取样,分别通过显微镜下观察(图 4-6)并用革兰氏染色法加以分析。启动前期(菌体自溶阶段以及活性迟滞阶段)的上浮污泥结构较松散,经革兰氏染色后在显微镜下观察发现,革兰氏阴阳性菌均存在。启动中期(活性提升阶段)时,上浮污泥中,革兰氏阴性菌为主,有少量阳性菌存在,还可观测到菌体以球状菌为主,还有少量的杆状细菌。通过电镜扫描观察到(图 4-7),启动中期的上浮污泥表面不平,有空隙存在,推测为产生的气体排出所致。据报道厌氧氨氧化菌为革兰氏阴性菌,细菌形态多为圆形,直径在 $0.8\sim1.1\ \mu m$[4],在启动前期以及启动中期的上浮污泥中均有革兰氏阴性菌存在,且启动后期(稳定运行阶段)以革兰氏阴性菌为主。

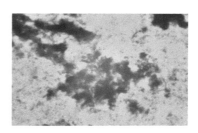

(a) 启动前期

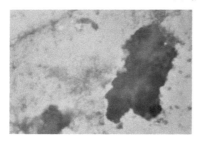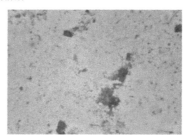

(b) 启动中期

图 4-6　显微镜下的上浮污泥

4.2.1.3　厌氧氨氧化反应器启动阶段污泥性状变化

如图 4-8 所示,在启动阶段前期(菌体自溶阶段以及活性迟滞阶段),污泥 MLSS 为 1 903.57 mg/L,MLVSS 为 1 032.21 mg/L,MLVSS/MLSS 为 0.542。在启动阶段中期(活性提升阶段),污泥 MLSS 为 3 316.79 mg/L,MLVSS 为 2 175.34 mg/L,MLVSS/MLSS 为 0.656。在启动阶段后期(稳定运行阶段),污泥 MLSS 为 4 283.47 mg/L,MLVSS 为 3 017.32 mg/L,MLVSS/MLSS 为 0.704。可见,在厌氧氨氧化工艺的启动过程中,随着时间的增加,污泥的 MLSS 及 MLVSS 逐渐增加,MLVSS/MLSS 也有明显的增加。

（a）絮状污泥 （b）颗粒污泥

（c）污泥表面（×250） （d）污泥表面（×300）

图 4-7　电镜扫描下的上浮污泥

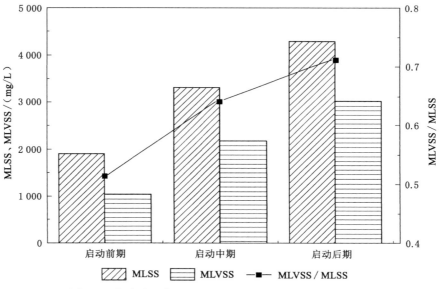

图 4-8　启动过程中 MLSS、MLVSS 及 MLVSS/MLSS 变化

4.2.2　厌氧氨氧化反应器逐步降温驯化

当温度较低时,厌氧氨氧化菌对于营养物质的跨膜运输会受到影响,从而导致低温条件下厌氧氨氧化菌活性受到抑制,可见低温条件下厌氧氨氧化反应依然会存在,只是效率较低[5]。杨朝晖等[6]研究发现,降温幅度与厌氧氨氧化活性之间有明显的负相关关系,温度下降幅度越大,厌氧氨氧化菌的活性也就越低。

而采用逐渐降温的驯化方式使厌氧氨氧化菌逐渐适应温度的降低,可以加强厌氧氨氧化菌在低温条件下的活性。邵兆伟等[7]研究发现,当温度下降到15 ℃时,采用阶梯式降温方式的反应器的脱氮效能明显高于采用一次性降温方式的反应器的脱氮效能,NH_4^+-N 和 NO_2^--N 去除率分别高 3.7 个百分点和 6.1 个百分点,总氮去除速率高 0.48 mg/(g·h)。

4.2.2.1　试验方法

通过控制水浴温度的方法,降低反应器内环境温度,以 5 ℃ 为一个温度梯度,逐步降温驯化培养。同时,在每次降温之后适当调整水力停留时间(HRT),以免污泥无法适应温度变化的冲击,在每个温度梯度反应器运行稳定之后再进行下一温度阶段的试验。将反应温度设定为 4 个阶段,即第 Ⅰ 阶段 30 ℃、第 Ⅱ 阶段 25 ℃、第 Ⅲ 阶段 20 ℃、第 Ⅳ 阶段 15 ℃,试验时间为 180 d。

反应器 R1、R2 同时运行。反应器 R1 内是实验室成功驯化培养并运行稳定的厌氧氨氧化污泥,NH_4^+-N 和 NO_2^--N 的去除率分别可以达到 93.10% 和 98.39%。反应器 R2 接种二沉池污泥及成熟厌氧氨氧化颗粒污泥,经驯化培养后成功启动厌氧氨氧化,经一段时间运行,NH_4^+-N 和 NO_2^--N 的去除率分别可以达到88.53% 和 94.70%。运行期间观察并监测降温过程中厌氧氨氧化脱氮性能和污泥活性。

4.2.2.2　厌氧氨氧化反应器逐步降温过程中的脱氮效能

如图 4-9~图 4-14 所示,降温过程主要分为 4 个阶段,温度梯度为 5 ℃,各阶段运行温度分别为 30 ℃、25 ℃、20 ℃、15 ℃。可以看出,在第 Ⅰ 阶段(30 ℃)时,反应器的脱氮性能最好,其中 R1 反应器氨氮及亚硝态氮的去除率分别可以达到 93.10% 和 98.39%,R2 反应器氨氮及亚硝态氮的去除率分别可以达到88.53% 和 94.70%。

在第 Ⅱ 阶段(25 ℃)以及第 Ⅲ 阶段(20 ℃)时,温度降低的前几天,反应器脱氮性能有一定的波动,随后逐步上升。在第 Ⅱ 阶段(25 ℃)末期,R1 反应器氨氮

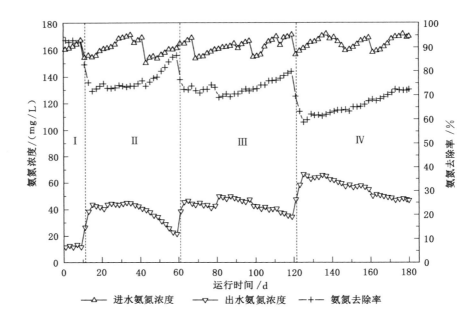

图 4-9　R1 反应器氨氮浓度及去除率变化

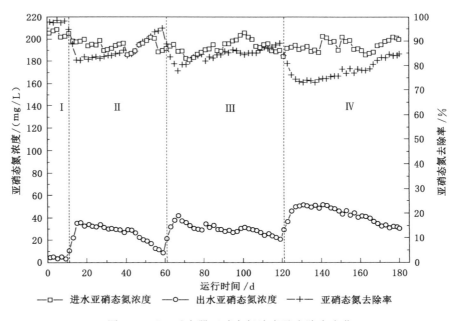

图 4-10　R1 反应器亚硝态氮浓度及去除率变化

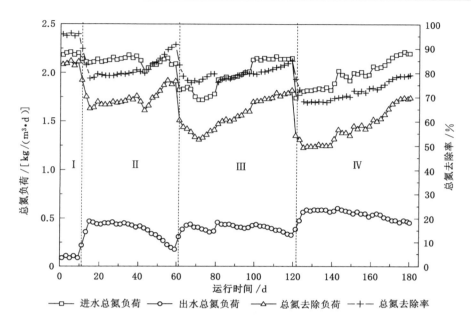

图 4-11　R1 反应器总氮负荷及去除率变化

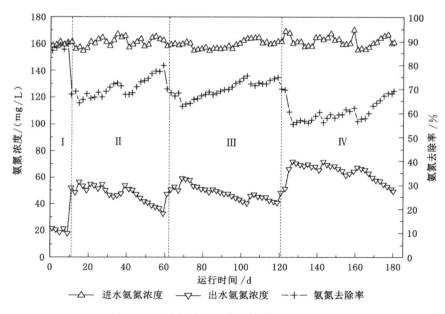

图 4-12　R2 反应器氨氮浓度及去除率变化

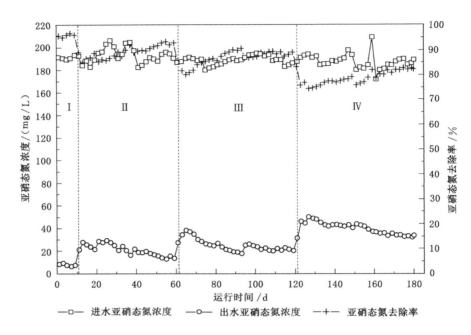

图 4-13　R2 反应器亚硝态氮浓度及去除率变化

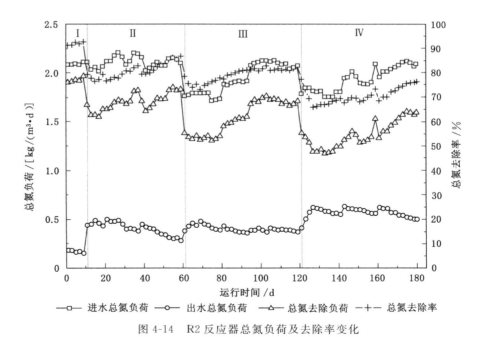

图 4-14　R2 反应器总氮负荷及去除率变化

及亚硝态氮的去除率分别可以达到 86.64％和 95.55％，R2 反应器氨氮及亚硝态氮的去除率分别可以达到 79.93％和 92.89％。在第 Ⅲ 阶段（20 ℃）末期，R1 反应器氨氮及亚硝态氮的去除率分别可以达到 80.02％和 89.16％，R2 反应器氨氮及亚硝态氮的去除率分别可以达到 74.71％和 89.04％。

在第 Ⅳ 阶段，温度降低到 15 ℃，氨氮及亚硝态氮的去除率继续降低，经过 60 d 的驯化培养，R1 反应器氨氮及亚硝态氮的去除率分别可以达到 73.86％和 84.85％，R2 反应器氨氮及亚硝态氮的去除率分别可以达到 69.39％和82.59％。出水亚硝酸盐出现累积现象，而这种累积现象会抑制厌氧氨氧化反应，从而影响反应系统的脱氮性能。当温度逐渐降低的时候，总氮的去除率也逐渐降低，当温度达到 15 ℃时，R1 反应器总氮去除负荷仅达到 1.74 kg/（m³·d），去除百分比为 79.13％；R2 反应器总氮去除负荷仅达到 1.59 kg/（m³·d），去除百分比为 76.26％。对比 30 ℃时的总氮去除率分别下降了 16.86 个百分点和 16.58 个百分点。

4.2.2.3　厌氧氨氧化反应器逐步降温过程中污泥性状变化

（1）逐步降温过程中 MLSS、MLVSS 及 MLVSS/MLSS 的变化

图 4-15 所示为厌氧氨氧化反应器在不同温度下运行时 MLSS、MLVSS 以及 MLVSS/MLSS 的动态变化。从图中可以看出，随着温度的下降，MLSS、MLVSS 呈现先增高后降低的趋势。

对于 R1 反应器来说，在第Ⅰ阶段（30 ℃）时，MLSS 为 9 236.31 mg/L，MLVSS 为 8 201.29 mg/L，MLVSS/MLSS 为 0.888。R1 反应器与 R2 反应器相比运行时间较长，故而污泥浓度较高。到了第Ⅱ阶段（25 ℃）时，MLSS 以及 MLVSS 均有升高，但两者比值略有下降，MLSS 为 10 325.34 mg/L，MLVSS 为 8 795.43 mg/L，MLVSS/MLSS 为 0.852。当温度继续降低时，厌氧氨氧化污泥活性受到影响，还存在一定的污泥上浮，MLSS、MLVSS 与 25 ℃时相比出现降低趋势，MLVSS/MLSS为 0.786。当温度下降到 15 ℃时，MLSS、MLVSS 有继续下降趋势，MLVSS/MLSS 为 0.735，略高于一般生活污水 MLVSS/MLSS＝0.7，说明低温对厌氧氨氧化污泥活性还是有一定的抑制，经过一段时间的低温驯化后，污泥还可以保留一定的活性。

对于 R2 反应器来说，其培养时间与 R1 反应器相比较短，在第Ⅰ阶段（30 ℃）时，MLSS 为 6 481.53 mg/L，MLVSS 为 4 865.39 mg/L，MLVSS/MLSS 为 0.751。在第Ⅱ阶段（25 ℃），MLSS、MLVSS 均呈上涨趋势，MLVSS/MLSS 为 0.747，与第Ⅰ阶段相比变化不大。当温度降到 20 ℃时，到了第Ⅲ阶段，MLSS 依然呈上涨趋势，

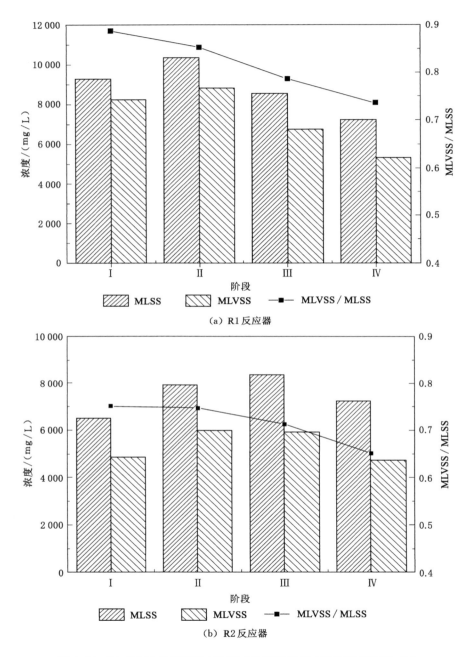

（a）R1 反应器

（b）R2 反应器

图 4-15　R1、R2 反应器污泥 MLSS、MLVSS 以及 MLVSS/MLSS 变化

但涨幅较低,MLVSS/MLSS 略降至 0.713。当温度下降到 15 ℃时,MLSS 也出现下降趋势,这与温度降低至 15 ℃后出现浮泥跑泥情况相关,此时 MLSS 为 7 248.93 mg/L,MLVSS 为 4 719.42 mg/L,MLVSS/MLSS 为 0.651,厌氧氨氧化污泥受到低温影响活性受到抑制。

(2) 逐步降温过程中 EPS 各组分的动态变化

图 4-16 所示为厌氧氨氧化反应器在不同温度下运行时的污泥 EPS 含量以及组分(主要为蛋白质与多糖)的变化。由图可见,当温度逐渐降低时,污泥的 EPS 含量逐渐升高,这说明在温度降低的情况下,微生物分泌了更多的 EPS 从而对抗环境温度下降带来的胁迫。在 30 ℃条件下,蛋白质含量远高于多糖含量:R1 反应器中,蛋白质含量为 38.27 mg/g,多糖含量为 6.31 mg/g,PS/PN 为 0.165;R2 反应器中,蛋白质含量为 37.34 mg/g,多糖含量为 8.67 mg/g,PS/PN 为 0.232。此时的污泥活性较好,脱氮速率较快。当温度下降一个温度梯度(5 ℃),达到 25 ℃时,两个反应器的 PS/PN 值变化不大,污泥活性没有因为温度下降而受到抑制,但与 30 ℃时相比,EPS 各组分中,蛋白质和多糖含量略有上升,多糖所占比例有上升趋势。

当温度下降到 20 ℃时,EPS 总量明显增加,但 PS/PN 变大,多糖所占比例增大。当温度维持在 15 ℃后:R1 反应器中,蛋白质含量为 87.25 mg/g,多糖含量为 19.98 mg/g,PS/PN 为 0.229;R2 反应器中,蛋白质含量为 70.34 mg/g,多糖含量为 18.92 mg/g,PS/PN 为 0.269。在整个降温过程中,EPS 含量与温度呈负相关关系,随着温度不断降低,EPS 含量不断增加,分析认为是由于低温时微生物分泌更多的 EPS 帮助抵抗环境的变化,且随着温度的降低 EPS 组成成分中多糖所占比例不断增加。

(3) 污泥外观形态变化

在 30 ℃条件下,污泥对于环境温度较为适应,由于培养时间较短,R1 反应器内污泥颗粒较小,R2 反应器内污泥颗粒与 R1 相比较大,肉眼观察污泥颗粒饱满,轻压时有一定的弹性,污泥颗粒呈现厌氧氨氧化污泥特有的红色。当温度逐渐下降到 15 ℃时,污泥颗粒色泽变暗且有增大趋势,而且在低温条件下,污泥上浮现象较频繁,且上浮污泥颗粒偏大。

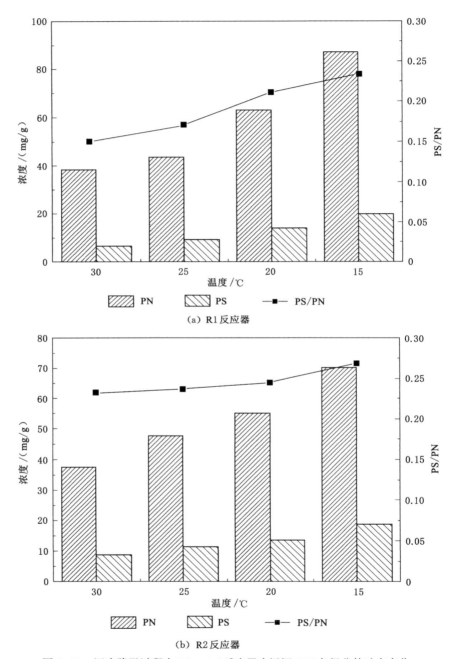

（a）R1 反应器

（b）R2 反应器

图 4-16　逐步降温过程中 R1、R2 反应器内污泥 EPS 各组分的动态变化

4.3　中低温条件下 ZVI 对厌氧氨氧化影响的批式试验

4.3.1　脱氮效果的短期影响

（1）如图 4-17 所示，在 30 ℃条件下，随着反应的进行，NH_4^+-N 和 NO_2^--N 去除率逐渐提高。到了 36 h 后反应结束时，出水 NH_4^+-N 浓度为 5.47～19.82 mg/L，出水 NO_2^--N 浓度为 2.88～16.49 mg/L。

在第Ⅰ、Ⅱ阶段，随着时间的增加，出水 NH_4^+-N 和 NO_2^--N 浓度逐渐降低。其中投加 ZVI 为 100 mg/L 的试验组脱氮效果最佳，在第Ⅰ阶段结束时，出水 NH_4^+-N 和 NO_2^--N 浓度分别为 63.72 mg/L 和 86.30 mg/L；到了第Ⅱ阶段结束时，出水 NH_4^+-N 和 NO_2^--N 浓度分别为 42.48 mg/L 和 55.11 mg/L，去除率分别为 57.89％ 和 58.82％，优于空白对照组的 39.13％以及 31.74％。脱氮效果最差的为投加 ZVI 为 50 mg/L 的试验组，在第Ⅱ阶段结束时，其出水 NH_4^+-N 和 NO_2^--N 浓度分别为 57.70 mg/L 和 90.20 mg/L，去除率分别为 42.80％和 32.62％。

在第Ⅲ阶段，投加 ZVI 为 100 mg/L 的试验组出水 NH_4^+-N 和 NO_2^--N 浓度分别为 28.53 mg/L 和 36.79 mg/L，优于空白对照组的 13.12 mg/L 和 29.62 mg/L，NH_4^+-N 和 NO_2^--N 去除率分别为 71.71％和 72.51％，明显优于空白对照组的 58.71％和 50.38％。

在第Ⅳ阶段，投加 ZVI 为 100 mg/L 的试验组出水 NH_4^+-N 和 NO_2^--N 的去除率分别达到 88.19％和 88.73％，明显优于其他试验组。投加 ZVI 为 500 mg/L 和 1 000 mg/L 的试验组的 NH_4^+-N 和 NO_2^--N 的去除率分别达到 71.46％、84.29％和 74.73％、82.31％，脱氮效果相差不多。空白对照组在第Ⅳ阶段结束时 NH_4^+-N 和 NO_2^--N 的去除率分别为 77.08％和 80.08％。

在第Ⅴ阶段结束时，投加 ZVI 为 100 mg/L 的试验组 NH_4^+-N 和 NO_2^--N 的去除率分别达到 94.58％和 97.85％，优于空白对照组 14.23 个百分点和 10.14 个百分点。投加 ZVI 为 1 000 mg/L 的试验组 NH_4^+-N 和 NO_2^--N 的去除率分别达到 88.31％和 92.59％，仅次于投加 ZVI 为 100 mg/L 的试验组。

30 ℃条件下整个试验过程中，投加 ZVI 为 100 mg/L 的试验组相较于其他试验组一直有明显的促进效果，脱氮速率遥遥领先。其余各组与空白对照组相比，脱氮效果差别不大。

（2）如图 4-18 所示，在 25 ℃条件下，随着反应的进行，NH_4^+-N 和 NO_2^--N 去除率逐渐提高。到了 36 h 后反应结束时，出水 NH_4^+-N 浓度为 4.45～14.91 mg/L，出水 NO_2^--N 浓度为 3.55～11.11 mg/L。

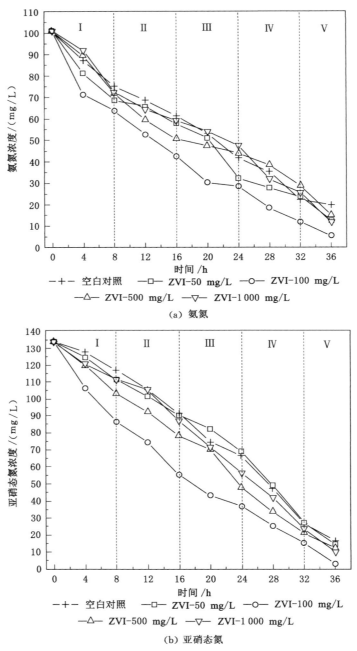

(a) 氨氮

(b) 亚硝态氮

图 4-17　30 ℃时 ZVI 对脱氮效果的短期影响

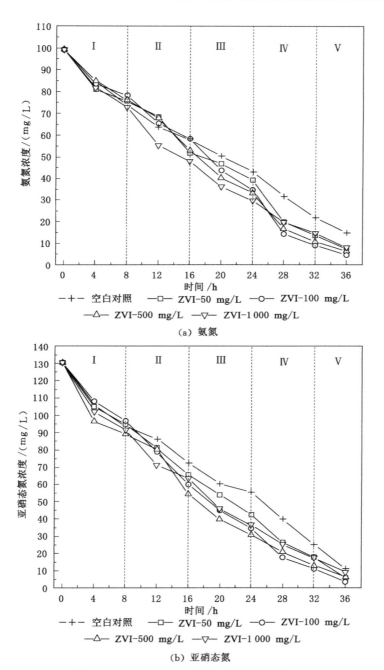

图 4-18 25 ℃时 ZVI 对脱氮效果的短期影响

在第Ⅰ阶段,各组氨氮去除速率相较于 30 ℃时明显放缓,温度虽然只降了一个梯度,但厌氧氨氧化菌对温度较为敏感,故而在前 4 个小时厌氧氨氧化反应速率较慢,随后反应速率有所回升。在 8 h 后第Ⅰ阶段结束时,投加 ZVI 为 500 mg/L 的试验组的出水 NH_4^+-N 和 NO_2^--N 浓度分别为 75.93 mg/L 和 89.17 mg/L,NH_4^+-N 和 NO_2^--N 的去除率分别为 23.48％和 31.69％。在第Ⅰ阶段结束时投加 ZVI 为 100 mg/L 的试验组的脱氮效果最差,出水 NH_4^+-N 和 NO_2^--N 浓度分别为78.17 mg/L和 96.70 mg/L,NH_4^+-N 和 NO_2^--N 的去除率分别为 21.22％和 25.93％。投加 ZVI 为 1 000 mg/L 的试验组相较于投加 ZVI 为 500 mg/L 试验组的脱氮效果略差,第Ⅰ阶段结束时 NH_4^+-N 和 NO_2^--N 的去除率分别达到了 26.44％和 29.93％。

在第Ⅱ阶段,各试验组脱氮速率对比上一阶段均有提升,厌氧氨氧化菌适应了温度条件。在 16 h 之后第Ⅱ阶段末期,投加 ZVI 为 500 mg/L 的试验组的出水 NH_4^+-N 和 NO_2^--N 浓度分别为 53.13 mg/L 和 54.29 mg/L,NH_4^+-N 和 NO_2^--N 的去除率分别为 46.46％和 58.42％,明显优于空白对照组的 41.64％和 44.43％。各试验组脱氮效果均优于空白对照组,其中投加 ZVI 为 100 mg/L 的试验组比照上一阶段提升明显,第Ⅱ阶段结束时出水 NH_4^+-N 和 NO_2^--N 浓度分别为 58.41 mg/L 和 59.88 mg/L,略低于投加 ZVI 为 500 mg/L 的试验组。

在第Ⅲ、Ⅳ阶段,随着时间的增加反应继续进行,在反应进行了 28 h 之后,投加 ZVI 为 100 mg/L 的试验组的 NH_4^+-N 以及 NO_2^--N 去除率均略大于投加 ZVI 为 500 mg/L 的试验组,成为去除率优势最大的试验组。在第Ⅳ阶段末期,投加 ZVI 为 100 mg/L 的试验组的 NH_4^+-N 和 NO_2^--N 去除率分别为 90.89％和 91.39％,投加 ZVI 为 500 mg/L 的试验组的 NH_4^+-N 和 NO_2^--N 去除率分别为 89.14％和 89.94％,均优于空白对照组的 77.79％和 80.78％。

到了第Ⅴ阶段末期,由于 28 h 后投加 ZVI 为 500 mg/L 的试验组的脱氮速率逐渐放缓,脱氮效果最佳的试验组为投加 ZVI 为 100 mg/L 的试验组,其出水 NH_4^+-N 和 NO_2^--N 浓度仅为 4.45 mg/L 和 3.55 mg/L,去除率分别为 95.52％和 97.28％,略优于投加 ZVI 为 500 mg/L 的试验组(93.71％和 95.05％)。其他各试验组脱氮效果均优于空白对照组(空白对照组 NH_4^+-N 和 NO_2^--N 去除率分别为 84.98％和 91.49％)。

在 25 ℃条件下的整个试验过程中,投加 ZVI 为 500 mg/L 的试验组的脱氮速率在最后 8 h 之内减慢,最终略低于投加 ZVI 为 100 mg/L 的试验组。而投加 ZVI 为 100 mg/L 的试验组的脱氮速率一直保持稳定。在 25 ℃条件下,投加 ZVI 对厌氧氨氧化反应的促进效果较为明显,在 36 h 试验结束时各试验组脱氮效果均优于空白对照组。

（3）如图 4-19 所示，在 20 ℃条件下，随着反应的进行，NH_4^+-N 和 NO_2^--N 去除率逐渐提高。到了 56 h 后反应结束时，出水 NH_4^+-N 浓度为 4.35～14.46 mg/L，出水 NO_2^--N 浓度为 5.02～13.97 mg/L。

在第 Ⅰ 阶段，反应进行了 16 h 之后，投加 ZVI 为 1 000 mg/L 的试验组脱氮效果最佳，出水 NH_4^+-N 和 NO_2^--N 浓度分别为 54.13 mg/L 和 66.11 mg/L，去除率分别为 44.97％和 51.37％。投加 ZVI 为 100 mg/L 的试验组的脱氮效果略差，出水 NH_4^+-N 和 NO_2^--N 浓度分别为 61.04 mg/L 和 75.02 mg/L，去除率分别为 37.95％和 44.82％。空白对照组 NH_4^+-N 和 NO_2^--N 去除率分别为 25.83％和 41.69％。

在第 Ⅱ 阶段，随着时间的增加，反应继续进行。在 32 h 之后，投加 ZVI 为 1 000 mg/L 的试验组与投加 ZVI 为 100 mg/L 的试验组的脱氮速率接近，在第 Ⅱ 阶段结束时，投加 ZVI 为 1 000 mg/L 的试验组出水 NH_4^+-N 和 NO_2^--N 浓度分别为 34.86 mg/L 和 29.84 mg/L，去除率分别为 64.56％和 78.05％。投加 ZVI 为 100 mg/L 的试验组出水 NH_4^+-N 和 NO_2^--N 浓度分别为 32.82 mg/L 和 30.10 mg/L，去除率分别为 66.64％和 77.56％。试验组中，脱氮效果较差的为投加 ZVI 为 500 mg/L 的试验组，在第 Ⅱ 阶段结束时，其 NH_4^+-N 和 NO_2^--N 去除率分别为 63.20％和 72.50％，仅优于空白对照组 5.38 个百分点和 1.79 个百分点。

在第 Ⅲ 阶段，当反应进行了 40 h 之后，脱氮反应速率开始减慢，到了 48 h 后，投加 ZVI 为 100 mg/L 的试验组出水 NH_4^+-N 和 NO_2^--N 浓度分别为 13.21 mg/L 和 11.65 mg/L，去除率分别为 86.57％和 91.43％。投加 ZVI 为 1 000 mg/L 的试验组的脱氮效果稍差，NH_4^+-N 和 NO_2^--N 的去除率分别为 84.51％和 90.86％。脱氮效果最差的为投加 ZVI 为 500 mg/L 的试验组，其 NH_4^+-N 和 NO_2^--N 的去除率分别为 81.52％和 87.01％。但各试验组脱氮效果均优于空白对照组（NH_4^+-N 和 NO_2^--N 的去除率分别为 80.70％和 86.80％）。

在第 Ⅳ 阶段，试验接近尾声，各反应瓶中 NH_4^+-N 和 NO_2^--N 的去除率平均在 90％以上。其中投加 ZVI 为 100 mg/L 的试验组出水 NH_4^+-N 和 NO_2^--N 浓度分别为 4.35 mg/L 和 5.02 mg/L，去除率分别为 95.58％和 96.31％。投加 ZVI 为 1 000 mg/L 的试验组的脱氮效果略差，NH_4^+-N 和 NO_2^--N 的去除率分别为 94.50％以及 96.26％。试验组中脱氮效果最差的仍为投加 ZVI 为 500 mg/L 的试验组，56 h 之后该组 NH_4^+-N 和 NO_2^--N 的去除率分别为 89.38％和 92.29％。但各试验组脱氮效果均优于空白对照组（NH_4^+-N 和 NO_2^--N 的去除率分别为 85.29％和 89.73％）。

在 20 ℃条件下，温度对于厌氧氨氧化反应已经有了一定的影响，总体脱氮

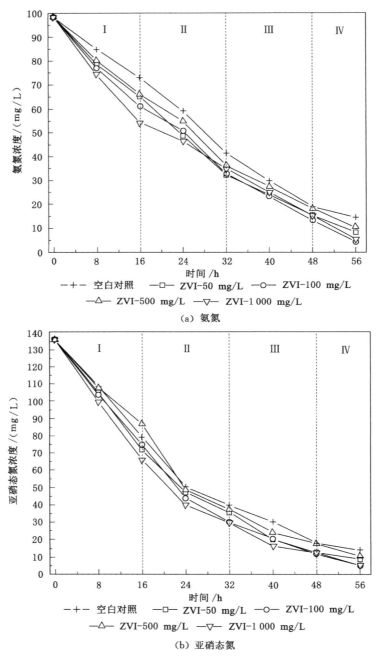

(a) 氨氮

(b) 亚硝态氮

图 4-19　20 ℃时 ZVI 对脱氮效果的短期影响

速率减慢,反应时间加长,但反应依然可以正常进行。投加 ZVI 后,在短期影响下有较为明显的促进作用,其中当投加的 ZVI 为 100 mg/L 时最为明显,投加的 ZVI 为 1 000 mg/L 时略差,但总体相差不多。

(4) 如图 4-20 所示,在 15 ℃条件下,随着反应的进行,NH_4^+-N 和 NO_2^--N 去除率逐渐提高。56 h 后反应结束时,出水 NH_4^+-N 浓度为 6.40 ～ 17.77 mg/L,出水 NO_2^--N 浓度为 4.46～12.51 mg/L。NH_4^+-N 的去除率均可达到 83% 以上,NO_2^--N 的去除率均可达到 90% 以上。

在第 Ⅰ 阶段,反应进行 8 h 后,投加 ZVI 为 100 mg/L 的试验组体现出一定的优势。在反应进行了 16 h 后第 Ⅰ 阶段结束,投加 ZVI 为 100 mg/L 的试验组的出水 NH_4^+-N 和 NO_2^--N 浓度分别为 59.65 mg/L 和 76.21 mg/L,NH_4^+-N 和 NO_2^--N 的去除率分别为 43.41% 和 43.49%。投加 ZVI 为 50 mg/L 的试验组在第 Ⅰ 阶段结束时,出水 NH_4^+-N 浓度为 66.57 mg/L,出水 NO_2^--N 浓度较高,为 82.91 mg/L,略高于空白对照组(68.33 mg/L 和 84.23 mg/L),为脱氮效果最差的一组。投加 ZVI 为 500 mg/L 的试验组,出水 NH_4^+-N 和 NO_2^--N 浓度分别为 61.77 mg/L 和 80.91 mg/L,NH_4^+-N 和 NO_2^--N 的去除率分别为 41.39% 和 40.01%。空白对照组 NH_4^+-N 和 NO_2^--N 的去除率分别为 35.17% 和 37.54%。

在第 Ⅱ 阶段,反应继续进行,在 24 h 之后,投加 ZVI 为 100 mg/L 的试验组脱氮速率略有增加,在 32 h 之后,其出水 NH_4^+-N 和 NO_2^--N 浓度分别为 33.21 mg/L 和 38.56 mg/L,NH_4^+-N 和 NO_2^--N 的去除率分别为 68.49% 和 71.41%,优于空白对照组的 58.94% 和 60.08%。其他各试验组在反应了 32 h 之后,脱氮效果均在一定程度上略优于空白对照组。

在第 Ⅲ 阶段,在反应进行 48 h 之后,投加 ZVI 为 100 mg/L 的试验组出水 NH_4^+-N 和 NO_2^--N 浓度分别为 14.31 mg/L 和 15.16 mg/L,NH_4^+-N 和 NO_2^--N 的去除率分别为 86.42% 和 88.76%,优于其他各组。投加 ZVI 为 1 000 mg/L 的试验组出水 NH_4^+-N 和 NO_2^--N 浓度分别为 19.01 mg/L 和 18.98 mg/L,NH_4^+-N 和 NO_2^--N 的去除率分别为 81.96% 和 85.92%,略低于投加 ZVI 为 100 mg/L 的试验组。各组在 48 h 之后脱氮效果均优于空白对照组(在 48 h 之后 NH_4^+-N 和 NO_2^--N 去除率分别为 76.31% 和 81.89%)。试验组中脱氮效果最差的为投加 ZVI 为 50 mg/L 的试验组,其 48 h 之后 NH_4^+-N 和 NO_2^--N 去除率分别为 78.61% 和 84.26%。

在第 Ⅳ 阶段,反应接近尾声,投加 ZVI 为 100 mg/L 的试验组出水 NH_4^+-N 和 NO_2^--N 浓度分别为 6.40 mg/L 和 4.46 mg/L,NH_4^+-N 和 NO_2^--N 的去除率分别为 93.93% 和 96.69%,均优于空白对照组(83.08%、90.72%)。试验组中脱氮效果最差的依然为投加 ZVI 为 50 mg/L 的试验组,56 h 后其 NH_4^+-N 和

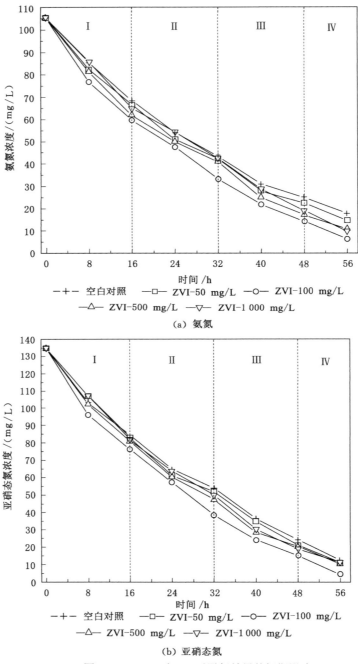

（a）氨氮

（b）亚硝态氮

图 4-20　15 ℃时 ZVI 对脱氮效果的短期影响

$NO_2^- $-N 的去除率分别为 83.14% 和 90.72%。投加 ZVI 为 500 mg/L 和 1 000 mg/L 的试验组脱氮效果相差不大，NH_4^+-N 和 NO_2^--N 去除率分别为 89.74%、92.32% 和 90.67%、93.84%。

在 15 ℃ 条件下，由于温度降低，厌氧氨氧化反应速率下降，反应时间延长，但反应依然可以正常进行。投加 ZVI 后，在短期影响下有较为明显的促进作用，其中当投加的 ZVI 为 100 mg/L 时促进作用最为明显。

综合 4 个温度条件下的反应情况，可以发现当投加的 ZVI 为 100 mg/L 时，在短期影响下，厌氧氨氧化反应速率有明显提升。其中在 25 ℃ 条件下，投加 ZVI 为 500 mg/L 时的脱氮效率在最初阶段效果最好，但在阶段末期投加 100 mg/L 的 ZVI 时脱氮效果达到最佳，故而最终选取 100 mg/L 作为连续流试验的 ZVI 投加量。

4.3.2　pH 值的短期变化

如图 4-21 所示，投加 ZVI 后，ZVI 对反应瓶内的 pH 值具有一定的调节作用，在整个反应过程中，pH 值不是稳定不变的。在反应刚刚开始时，由于配水组成没有调节 pH 值，故而初期的 pH 值偏低，为 6.7～7.0。随着反应的持续进行，pH 值逐渐升高，反应结束时，系统内的 pH 值大多可以达到 7.6 以上。从图中可以看出，温度对反应系统内的 pH 值变化没有太大的影响，在不同温度下，各试验组系统内 pH 值变化的趋势类似，都是随着反应时间的增加逐渐升高。

由厌氧氨氧化的反应方程式来看，厌氧氨氧化反应本身就是一个消耗酸的过程，因此从理论上来讲，随着反应的进行 pH 值升高是情理之中的。在短期影响下可以看出，投加的 ZVI 浓度越大，pH 值上升的幅度越大，在 4 个温度梯度下，当试验结束时，投加 ZVI 浓度为 1 000 mg/L 的试验组的 pH 值最大，为 7.7～8.1。这是由于 ZVI 在水中的电离会产生一定量的 OH^-，而 ZVI 的投加量越大，在相同的时间内产生的 OH^- 也就越多，故而投加 ZVI 浓度为 1 000 mg/L 的试验组的 pH 值增加速率较快。由此可以看出，投加 ZVI 可以提高环境的 pH 值，为厌氧氨氧化菌提供适宜的生长环境。

4.3.3　氧化还原电位的短期变化

投加 ZVI 后厌氧氨氧化系统内氧化还原电位的变化如图 4-22 所示。进水的氧化还原电位一般为正值，因为每次测量都是在 ZVI 投加之后进行的，因此在一开始的氧化还原电位就不是很高，投加 ZVI 浓度为 1 000 mg/L 的试验组的氧化还原电位更是在一开始就在 -1 mV 左右。随着反应的进行，投加的 ZVI 不断电离，系统的氧化还原电位随之逐渐降低，使水中环境处于还原状态，在反应结束时，各试验组的氧化还原电位均可以达到 -40 mV 以下，在温度较

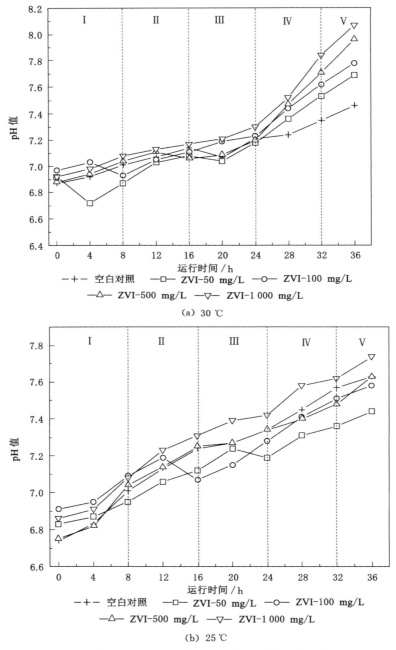

（a）30 ℃

（b）25 ℃

图 4-21　不同温度下 ZVI 对 pH 值的短期影响

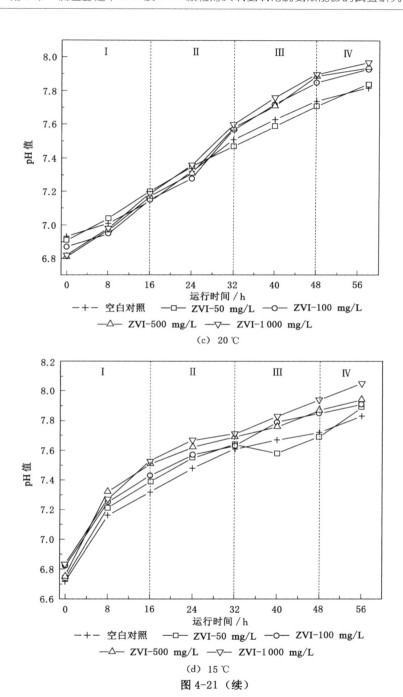

(c)　20 ℃

(d)　15 ℃

图 4-21（续）

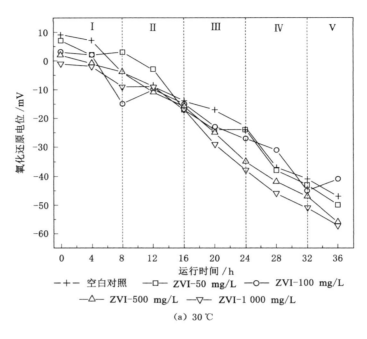

(a) 30 ℃

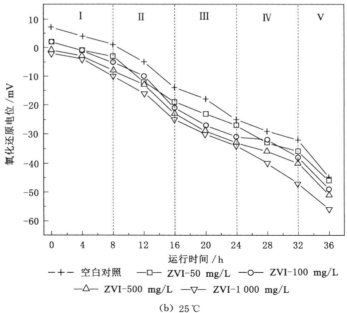

(b) 25 ℃

图 4-22　不同温度下 ZVI 对氧化还原电位值的短期影响

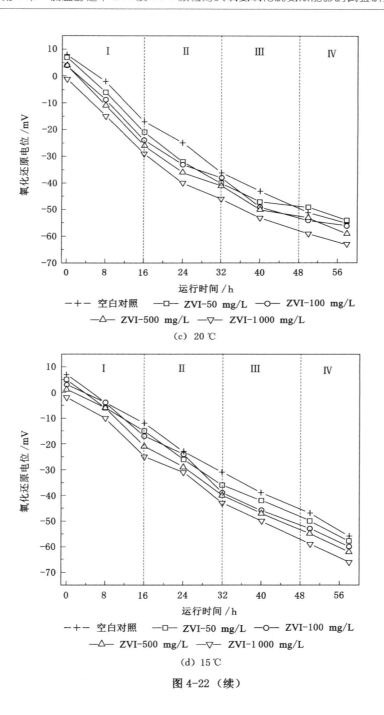

(c) 20 ℃

(d) 15 ℃

图 4-22（续）

低的情况下，由于反应时间的延长，待到反应结束的时候，各试验组的氧化还原电位均可以达到-54 mV 以下。

在 30 ℃和 25 ℃条件下，反应结束时，投加 ZVI 浓度为 100 mg/L 的试验组的氧化还原电位分别为-41 mV 和-49 mV，投加 ZVI 浓度为 1 000 mg/L 的试验组的氧化还原电位分别为-57 mV 和-56 mV；在 20 ℃和 15 ℃条件下，反应结束时，投加 ZVI 浓度为 100 mg/L 的试验组的氧化还原电位分别为-56 mV 和-60 mV，投加 ZVI 浓度为 1 000 mg/L 的试验组的氧化还原电位分别为-63 mV 和-66 mV。从整个试验结果看，投加 ZVI 浓度为 1 000 mg/L时厌氧氨氧化反应的平均速率最大，由此可见并不是越低的氧化还原电位对厌氧氨氧化反应的促进效果越好。因此，投加适宜浓度的 ZVI，可调整较为合适的氧化还原电位范围，从而为厌氧氨氧化菌提供适宜的环境。

4.4 中低温条件下 Fe-C 颗粒对厌氧氨氧化影响的批式试验

4.4.1 脱氮效果的短期变化

在试验过程中发现，由于 Fe-C 颗粒强度有限，当恒温振荡培养箱的振荡速度达到 140 r/min 时，Fe-C 颗粒有 30%～40%破碎率，经过调整最终选择振荡速度为 100 r/min，Fe-C 颗粒的破碎情况得到明显缓解。在试验过程中发现，在试验刚刚开始 4～8 h 内，反应瓶内的 pH 值出现上升情况，在 8 h 左右反应瓶内的 pH 值就可以达到 10 ± 0.2，严重影响了厌氧氨氧化反应，甚至出现了细胞破裂死亡的情况。使用 1 mol/L 的盐酸于每阶段结束时调整瓶中的 pH 值为 8 ± 0.2，以保证厌氧氨氧化反应的顺利进行。

（1）如图 4-23 所示，在 30 ℃条件下，随着反应的进行，NH_4^+-N 和 NO_2^--N 去除率逐渐提高。到了 28 h 后反应结束时，出水 NH_4^+-N 浓度为 4.45 ～ 11.93 mg/L，出水 NO_2^--N 浓度为 2.81 ～ 13.05 mg/L。

在第 Ⅰ 阶段末，投加 Fe-C 颗粒的 Fe：C 为 2：1 的试验组脱氮效果最佳，出水 NH_4^+-N 和 NO_2^--N 浓度分别为 77.36 mg/L 和 100.87 mg/L，NH_4^+-N 和 NO_2^--N 的去除率分别为 21.02%和 23.32%。投加 Fe-C 颗粒的 Fe：C 为 1：1 的试验组，在第 Ⅰ 阶段末出水 NH_4^+-N 和 NO_2^--N 浓度分别为 79.39 mg/L 和 102.89 mg/L，NH_4^+-N 和 NO_2^--N 的去除率分别为 18.94%和 21.78%。投加 Fe-C 颗粒的 Fe：C 为 3：1 的试验组脱氮效果略差于 Fe：C 为 1：1 的试验组，第 Ⅰ 阶段末其 NH_4^+-N 和 NO_2^--N 的去除率分别为 16.50%和 21.01%，试验组

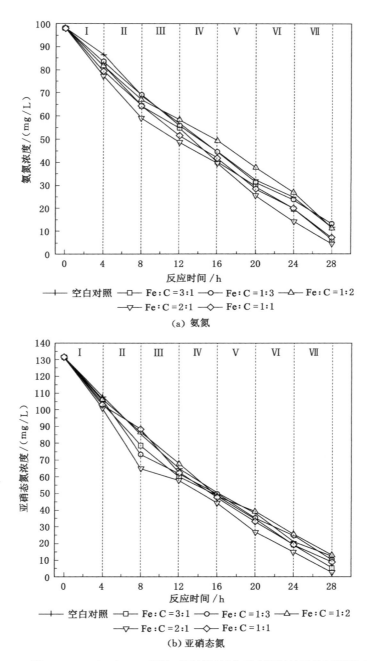

(a) 氨氮

(b) 亚硝态氮

图 4-23　30 ℃时 Fe-C 颗粒对厌氧氨氧化反应脱氮效果的短期影响

中投加 Fe-C 颗粒的 Fe：C 为 1：3 的试验组脱氮效果最差,第 Ⅰ 阶段末 NH_4^+-N 和 NO_2^--N 的去除率分别为 14.72％和 19.84％。各试验组脱氮效果均优于空白对照组,空白对照组的 NH_4^+-N 和 NO_2^--N 的去除率分别为 11.62％和 18.02％。

在第 Ⅱ、Ⅲ 阶段,反应继续进行,各组 NH_4^+-N 和 NO_2^--N 去除率均逐渐提高。在第 Ⅲ 阶段末期,投加 Fe-C 颗粒的 Fe：C 为 2：1 时,出水 NH_4^+-N 和 NO_2^--N 浓度分别为 48.66 mg/L 和 57.75 mg/L,NH_4^+-N 和 NO_2^--N 的去除率分别为 50.33％和 56.10％。NH_4^+-N 和 NO_2^--N 去除效果最差的为投加 Fe-C 颗粒的 Fe：C 为 1：2 的试验组,其 NH_4^+-N 和 NO_2^--N 去除率分别为 42.98％和 52.99％。

在第 Ⅳ 阶段末,投加 Fe-C 颗粒的 Fe：C 为 2：1 的试验组 NH_4^+-N 和 NO_2^--N 去除率分别达到 59.40％和 66.33％,优于空白对照组的 54.43％和 61.74％。

在第 Ⅴ、Ⅵ阶段,反应持续进行,投加 Fe-C 颗粒的 Fe：C 为 2：1 的试验组脱氮效果最佳,在第 Ⅵ 阶段结束时,其出水 NH_4^+-N 和 NO_2^--N 浓度分别为 14.37 mg/L 和 14.87 mg/L,NH_4^+-N 和 NO_2^--N 的去除率分别为 85.33％和 88.70％。投加 Fe-C 颗粒的 Fe：C 为 3：1 和 1：1 的试验组的脱氮效果相近,第 Ⅵ阶段结束时,NH_4^+-N 和 NO_2^--N 的去除率分别为 79.78％、85.56％和79.68％、85.43％,均优于空白对照组的 74.57％和 83.99％。反应过程中可以观察到投加 Fe-C 颗粒的Fe：C为1：2 的试验组反应瓶中,颗粒有轻微的解体情况,分析认为这是导致该试验组的 pH 值上升较快,脱氮效果略低于空白对照组的原因。

在第 Ⅶ阶段,投加 Fe-C 颗粒的 Fe：C 为 2：1 的试验组 NH_4^+-N 和 NO_2^--N 去除率分别可以达到 95.46％和 97.87％,优于空白对照组的 87.82％和 90.52％。投加 Fe-C 颗粒的 Fe：C 为 1：3 和 1：2 的试验组脱氮效果较差,NH_4^+-N 和 NO_2^--N 去除率分别为 86.40％、92.23％和 88.34％、90.08％。

在 30 ℃条件下投加 Fe-C 颗粒对厌氧氨氧化反应的短期效果影响不算特别突出。分析认为,30 ℃对于厌氧氨氧化菌是相对适宜的温度,厌氧氨氧化反应的速率较高,所以投加 Fe-C 颗粒并没有产生极明显的促进效果。另外,投加 Fe-C 颗粒导致 pH 值升高,虽在每阶段结束时均加以调整,但 pH 值的持续升高还是对厌氧氨氧化反应产生了一定影响,可能覆盖了一部分促进效果,从而一定程度上降低了试验组的脱氮速率,进而导致了促进效果不明显。

（2）如图 4-24 所示,在 25 ℃条件下,随着反应的进行,NH_4^+-N 和 NO_2^--N 去除率逐渐提高。到了 28 h 后反应结束时,出水 NH_4^+-N 浓度为 7.33 ～ 16.07 mg/L,出水 NO_2^--N 浓度为 3.82 ～ 15.65 mg/L。

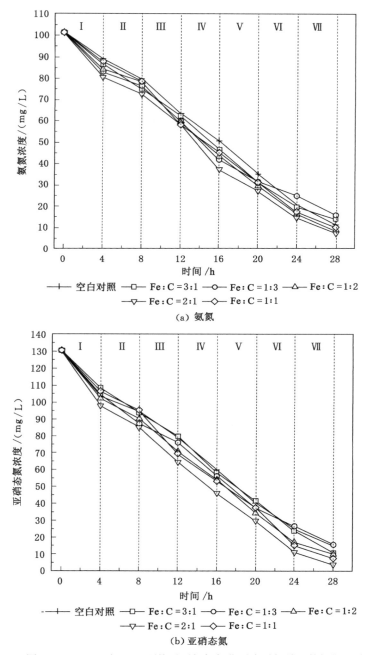

(a) 氨氮

(b) 亚硝态氮

图 4-24　25 ℃时 Fe-C 颗粒对厌氧氨氧化反应脱氮效果的短期影响

在前 3 个阶段,随着反应时间的增加,各组 NH_4^+-N 和 NO_2^--N 去除率稳定提升,各试验组的 NH_4^+-N 和 NO_2^--N 去除率均优于空白对照组,其中投加 Fe-C 颗粒的 Fe：C 为 2：1 的试验组 NH_4^+-N 和 NO_2^--N 去除率最佳,可达到 42.34% 和 50.51%,分别优于空白对照组 5.16 个百分点和 10.93 个百分点。

在第Ⅳ、Ⅴ阶段,个别试验组出现填料解体现象,也出现 pH 值上升幅度偏大的情况。第Ⅳ阶段末期 Fe：C 为 2：1 的试验组 NH_4^+-N 和 NO_2^--N 去除率与第Ⅲ阶段末期相比略有增加,而到了第Ⅴ阶段末期,Fe：C 为 3：1 和 1：3 的试验组也出现了同样的情况,pH 值也出现提升,个别组达到 9.4 左右,其中 Fe：C 为 3：1 的试验组颗粒解体较为严重。在第Ⅴ阶段末期,投加 Fe-C 颗粒 Fe：C 为 2：1 的试验组出水 NH_4^+-N 和 NO_2^--N 浓度分别为 27.12 mg/L 和 29.61 mg/L,NH_4^+-N 和 NO_2^--N 的去除率分别为 73.26% 和 77.33%。投加 Fe-C 颗粒 Fe：C 为 1：2 的试验组出水 NH_4^+-N 和 NO_2^--N 浓度分别为 29.75 mg/L 和 34.20 mg/L,NH_4^+-N 和 NO_2^--N 的去除率分别为 70.67% 和 73.81%。各试验组脱氮效果均优于空白对照组(65.18% 和 69.17%)。

在第Ⅵ、Ⅶ阶段,通过投加盐酸调节 pH 值,反应得以继续进行,各组 NH_4^+-N 和 NO_2^--N 去除率再次稳定提升。到了第Ⅶ阶段末期,Fe：C 为 2：1 的试验组出水 NH_4^+-N 和 NO_2^--N 浓度分别为 7.33 mg/L 和 3.82 mg/L,NH_4^+-N 和 NO_2^--N 去除率最佳,分别可达到 92.78% 和 97.07%,分别优于空白对照组 4.09 个百分点和 8.46 个百分点。另外,Fe：C 为 1：2 的试验组的脱氮效果也不错,第Ⅶ阶段末期 NH_4^+-N 和 NO_2^--N 去除率分别为 91.58% 和 92.26%。

在 25 ℃条件下,虽然温度降低,但厌氧氨氧化反应速率并未受到很大的影响,虽相较于 30 ℃时,投加 Fe-C 颗粒的试验组开始体现优势,但试验过程中的颗粒解体会导致 pH 值上升过快,溶液变得浑浊,进而影响脱氮反应的速率。分析认为,这是由于颗粒解体后,相较之前接触面积扩大,微电池反应随之增强,从而影响了厌氧氨氧化反应。

(3) 如图 4-25 所示,在 20 ℃条件下,由于温度降低,厌氧氨氧化反应速率略有下降,随着反应时间的增加,NH_4^+-N 和 NO_2^--N 去除率逐渐提高。56 h 后反应结束时,出水氨氮浓度可以达到 8.25~13.28 mg/L,出水亚硝态氮浓度可以达到 4.65~13.11 mg/L。

在前 3 个阶段,随着反应的进行,NH_4^+-N 和 NO_2^--N 的去除率稳定提升,在第Ⅲ阶段结束时,投加 Fe-C 颗粒 Fe：C 为 2：1 的试验组的出水 NH_4^+-N 和 NO_2^--N 浓度分别为 54.73 mg/L 和 65.18 mg/L,NH_4^+-N 和 NO_2^--N 的去除率分别为 47.01% 和 51.63%。投加 Fe-C 颗粒 Fe：C 为 1：2 的试验组的出水 NH_4^+-N 和 NO_2^--N 浓度分别为 57.22 mg/L 和 72.70 mg/L,NH_4^+-N 和 NO_2^--N 的

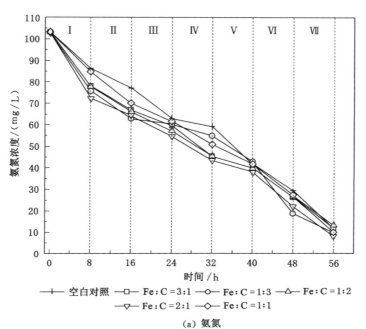

（a）氨氮

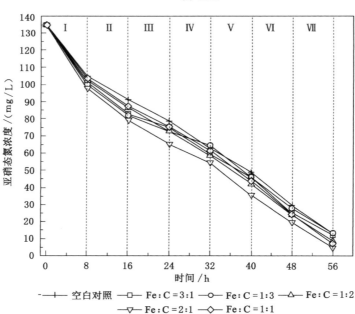

（b）亚硝态氮

图 4-25　20 ℃时 Fe-C 颗粒对厌氧氨氧化反应脱氮效果的短期影响

去除率分别为 44.59％ 和 46.05％。在前 3 个阶段结束时,试验组中脱氮效果最差的是 Fe∶C 为 1∶1 的试验组,其 NH_4^+-N 和 NO_2^--N 去除率分别为 40.28％ 和 44.06％。第Ⅲ阶段结束时,各试验组脱氮效果均优于空白对照组(NH_4^+-N 和 NO_2^--N 去除率分别为 39.05％ 和 41.55％)。

在第Ⅳ、Ⅴ阶段,NH_4^+-N 的去除速率出现小范围的波动,阶段结束时检测也发现 pH 值出现升高过多的情况,其中 Fe∶C 为 1∶2 的试验组 pH 值达到了 9.32 左右,还出现了颗粒解体现象。在第Ⅴ阶段末期,Fe∶C 为 2∶1 的试验组的出水 NH_4^+-N 和 NO_2^--N 浓度分别为 38.30 mg/L 和 35.51 mg/L,NH_4^+-N 和 NO_2^--N 的去除率分别为 62.91％ 和 73.75％。Fe∶C 为 3∶1 和 1∶2 的试验组脱氮效果相差不多,第Ⅴ阶段末期 NH_4^+-N 和 NO_2^--N 的去除率分别为 61.24％、65.98％ 和 61.05％、68.79％。各试验组脱氮效果均优于空白对照组(NH_4^+-N 和 NO_2^--N 去除率分别为 59.32％ 和 63.68％)。

第Ⅵ、Ⅶ阶段,经过在第Ⅴ阶段末期调整过反应瓶内的 pH 值之后,脱氮反应继续进行,随着反应时间的增加,各组 NH_4^+-N 和 NO_2^--N 去除率稳定提升。其中 Fe∶C 为 1∶2 和 3∶1 的试验组在经过 pH 值调整之后,NH_4^+-N 去除速率上升明显,但由于前一阶段受 pH 值影响较重,在第Ⅶ阶段结束之后 NH_4^+-N 和 NO_2^--N 去除率与空白对照组相差较少。在第Ⅶ阶段末期时,Fe∶C 为 2∶1 的试验组厌氧氨氧化脱氮效果最佳,NH_4^+-N 和 NO_2^--N 去除率分别可以达到 92.01％ 和 96.55％,明显优于空白对照组的 88.33％ 和 90.41％。Fe∶C 为 3∶1 的试验组厌氧氨氧化脱氮效果最差,在第Ⅶ阶段结束时 NH_4^+-N 和 NO_2^--N 去除率仅达 88.41％ 和 91.11％。

在 20 ℃ 条件下,温度的降低使厌氧氨氧化反应速率明显下降,但厌氧氨氧化反应依然可以正常进行,但由于反应速率的下降,试验时长明显增加,在一定程度上增加了颗粒解体的概率,其中 Fe∶C 为 1∶2 和 3∶1 的试验组相对较为严重,Fe∶C 为 1∶1 的试验组也有少量破裂,故而出现颗粒解体的试验组脱氮速率受到影响,在图中呈现一定的跳跃。相较于 30 ℃,20 ℃ 条件下投加 Fe-C 颗粒后厌氧氨氧化反应受到的促进效果明显很多,分析认为这是由于温度胁迫下,总体厌氧氨氧化反应速率减小,故而体现出了明显的促进作用。

(4) 如图 4-26 所示,在 15 ℃ 条件下,NH_4^+-N 和 NO_2^--N 去除率随着时间的增加逐渐升高,低温胁迫下,厌氧氨氧化反应速率虽然较低,但是反应依然可以顺利进行。随着反应的进行,在 56 h 之后,出水 NH_4^+-N 浓度为 8.57 ～ 15.94 mg/L,出水 NO_2^--N 浓度为 3.21 ～ 13.40 mg/L。

在前 3 个阶段,随着时间的增加,Fe-C 颗粒发生微电解反应,因为有溶解氧的存在,阴极不断产生 OH^-,反应瓶中 pH 值不断提高,第Ⅲ阶段结束时各组

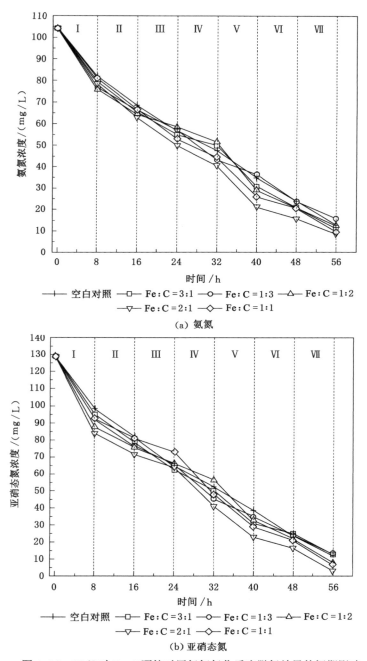

(a) 氨氮

(b) 亚硝态氮

图 4-26 15 ℃时 Fe-C 颗粒对厌氧氨氧化反应脱氮效果的短期影响

pH 值可达到 8.5～8.9,故而第 I 阶段的脱氮速率大于第 II、III 阶段,在第 III 阶段受 pH 值影响,各组脱氮速率明显放缓。在第 III 阶段结束时,Fe：C 为 2：1 的试验组脱氮效果最佳,出水 NH_4^+-N 浓度为 50.09 mg/L,出水 NO_2^--N 为 63.76 mg/L。Fe：C 为 1：1 的试验组出水 NH_4^+-N 和 NO_2^--N 浓度分别为 53.01 mg/L 和 72.85 mg/L,NH_4^+-N 和 NO_2^--N 的去除率分别为 49.18% 和 43.52%。Fe：C 为 1：2 的试验组脱氮效果稍差,出水 NH_4^+-N 和 NO_2^--N 浓度分别为 58.51 mg/L 和 66.27 mg/L,NH_4^+-N 和 NO_2^--N 的去除率分别为 43.90% 和 48.63%。

在第 IV、V 阶段,反应继续进行。在第 IV 阶段结束时,Fe：C 为 2：1 的试验组出水 NH_4^+-N 浓度为 40.58 mg/L,出水 NO_2^--N 浓度为 41.03 mg/L,NH_4^+-N 和 NO_2^--N 的去除率分别达到 61.09% 和 68.19%,优于空白对照组(NH_4^+-N 和 NO_2^--N 的去除率分别为 54.38% 和 59.38%)。Fe：C 为 1：3 的试验组出水 NH_4^+-N 浓度为 43.28 mg/L,出水 NO_2^--N 浓度为 45.27 mg/L,NH_4^+-N 和 NO_2^--N 的去除率分别达到 58.50% 和 64.91%。其中脱氮效率最差的为 Fe：C 为 1：2 的试验组,其 NH_4^+-N 和 NO_2^--N 的去除率分别为 52.13% 和 61.16%。在第 V 阶段结束时,Fe：C 为 2：1 的试验组 NH_4^+-N 和 NO_2^--N 的去除率分别达到 79.63% 和 82.19%。Fe：C 为 1：2 的试验组 NH_4^+-N 和 NO_2^--N 的去除率分别达到 72.05% 和 74.54%。各试验组脱氮效果均优于空白对照组(NH_4^+-N 和 NO_2^--N 的去除率分别为 66.45% 和 70.05%)。

在第 VI、VII 阶段,Fe：C 为 3：1 和 1：3 的试验组的脱氮效果均略低于空白对照组,可以观察到有颗粒解体的情况,第 VI 阶段结束时,pH 值也有较大的上升,特别是 Fe：C 为 1：3 的试验组,在第 VI 阶段结束时脱氮效果受到影响较大,出水 NH_4^+-N、NO_2^--N 浓度均高于空白对照组。在第 VII 阶段结束时,Fe：C 为 2：1 的试验组 NH_4^+-N 和 NO_2^--N 的去除率分别达到 91.79% 和 97.51%,在各试验组中脱氮效果最好。脱氮效果最差的试验组为 Fe：C 为 1：3 的试验组,其 NH_4^+-N 和 NO_2^--N 的去除率分别为 84.71% 和 89.61%。空白对照组 NH_4^+-N 和 NO_2^--N 的去除率分别为 87.49% 和 90.54%。

综合 4 个温度条件下的反应情况可知,对于 Fe-C 颗粒本身来讲,由于颗粒的强度有限,经过一段时间的浸泡以及振荡,颗粒解体现象时有发生。其中 Fe：C 为 1：3 的试验组的颗粒出现破裂解体的情况最多,而颗粒解体常伴随着 pH 值上升过高、溶液出现浑浊状态以及瓶内颗粒污泥略微解体的情况,这些均会对厌氧氨氧化反应造成影响,在试验中甚至出现污泥解体自溶的现象,导致试验被迫停止。而当反应瓶处于低温条件下时,低温胁迫加上这些不利因素,使得原本投加 Fe-C 颗粒对反应产生的促进作用也被覆盖,出现在 15 ℃时个别组最后的脱氮效果与空白对照组相差不多的情况。

另外,Fe-C 颗粒在含有一定量溶解氧的系统中发生电离反应时,在阴极产生 OH⁻,而厌氧氨氧化反应本身也属于产碱反应,经过一段时间的反应,反应瓶中 pH 值升高明显,在 24 h 内就可以由 7.2~7.6 上升至 10.2~10.8,严重影响了厌氧氨氧化反应,需在每阶段结束后略加稀酸调节。在本试验中曾尝试使用过硼酸、稀硫酸以及稀盐酸,其中硼酸与稀硫酸都会引起反应瓶中液体浑浊,严重时还会导致 36 h 之后脱氮反应停止,故而最终选择了 1 mol/L 的稀盐酸作为调整 pH 值的稀酸。

综合 4 个温度条件下的反应情况,发现在各个温度梯度下,投加 Fe∶C 为 2∶1 的 Fe-C 颗粒均可以得到良好的脱氮效果,且颗粒强度适中,颗粒解体情况不多,相较于投加其他比例的 Fe-C 颗粒的试验组,系统的脱氮效果更加稳定。

4.4.2　污泥 MLSS 及 MLVSS/MLSS 短期变化

由图 4-27 可知,投加 Fe-C 颗粒后,会对厌氧氨氧化菌活性造成影响,分析认为 Fe-C 颗粒投加后,在溶液中发生微电解反应,阴极产生 OH⁻,造成反应瓶中 pH 值快速上升,从而对厌氧氨氧化颗粒污泥造成影响,肉眼观察关键颗粒边缘出现模糊现象。尤其在低温条件下(15 ℃)时,由于同时受温度与 pH 值上升的影响,污泥浓度下降明显,试验结束后各试验组污泥 MLSS 均在 7 000 mg/L 以下。在各个投加不同 Fe-C 颗粒的试验组中,Fe∶C 为 1∶3 以及 3∶1 的试验组 MLSS 下降最明显,在各个温度梯度下 MLSS 均低于其他各组。分析认为,这是由于 Fe∶C 为 1∶3 和 3∶1 的 Fe-C 颗粒相较于其他比值的颗粒来说,结构比较松散,颗粒强度不佳,在试验的振荡过程中极易发生颗粒解体破碎现象,从而加大了溶液的接触面积,增加了 Fe-C 微电池的数量,加快了电解反应,进而导致了相较于其他试验组上升更快的 pH 值,厌氧氨氧化污泥因此受到影响,无法在短时间内迅速适应外界环境的变化,因而出现了 MLSS 的下降。

4.4.3　污泥表象变化

15 ℃条件下,投加 Fe-C 颗粒后,经过一段时间的培养,污泥颗粒表面出现解体现象(图 4-28)。分析认为,这是由于投加 Fe-C 颗粒造成反应瓶中 pH 值上升,pH 值短时间内的上升对厌氧氨氧化污泥是有影响的,虽然采取了外加稀酸进行调节,但还是对污泥产生了一定的影响,故而污泥颗粒表面出现边界模糊的状况。且培养结束后投加 Fe-C 颗粒的反应器内的溶液与空白对照组相比略显浑浊。分析认为这是由于条件所限,自制的 Fe-C 颗粒强度不够,在反应过程中

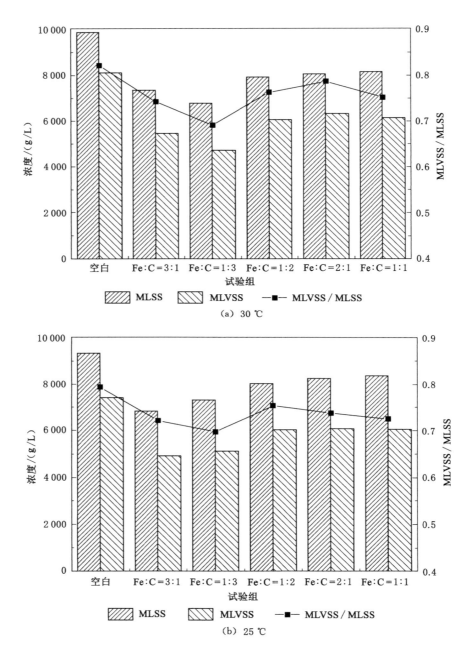

（a）30 ℃

（b）25 ℃

图 4-27 不同温度下 Fe-C 颗粒对污泥 MLSS、MLVSS、
MLVSS/MLSS 的短期影响

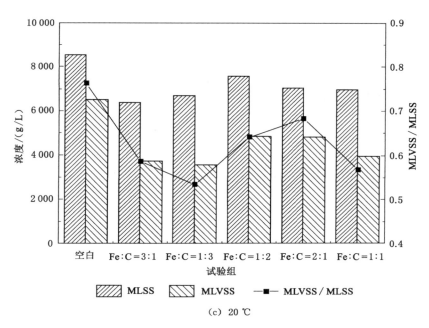

（c）20 ℃

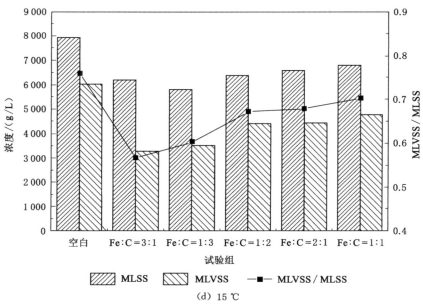

（d）15 ℃

图 4-27（续）

会出现颗粒解体以及部分填料脱落的情况,故而相较于未投加 Fe-C 颗粒的对照组,试验结束后的试验组溶液比较浑浊。

(a)   (b)

图 4-28   15 ℃条件下试验结束后各试验组溶液颜色对比

4.5   低温胁迫下 ZVI 及 Fe-C 颗粒对厌氧氨氧化脱氮性能影响的连续流试验

4.5.1   低温胁迫下 ZVI 对厌氧氨氧化反应器影响的连续流试验

4.5.1.1   脱氮性能的长期变化

本试验采用逐渐降温的方式,探究投加 ZVI 对厌氧氨氧化菌脱氮性能的影响。厌氧氨氧化反应器脱氮性能变化如图 4-29 所示。

(1) 在 30 ℃条件下,厌氧氨氧化反应器运行状态良好,在试验开始的第 13 天,反应器出水 NH_4^+-N 和 NO_2^--N 浓度分别为 20.35 mg/L 和 15.83 mg/L,NH_4^+-N 和 NO_2^--N 的去除率分别为 87.56% 和 92.75%。在第 17 天检测完成后适当提升负荷培养(NH_4^+-N 和 NO_2^--N 进水浓度分别为 170 mg/L 以及 220 mg/L 左右),当天反应器出水 NH_4^+-N 和 NO_2^--N 浓度分别为 23.65 mg/L 和 24.21 mg/L,NH_4^+-N 和 NO_2^--N 的去除率分别为 86.18% 和 87.31%。在第 31 天,反应器出水 NH_4^+-N 和 NO_2^--N 浓度分别为 17.15 mg/L 和 9.83 mg/L,NH_4^+-N 和 NO_2^--N 的去除率分别为 90.40% 和 96.27%。

在 30 ℃条件下,厌氧氨氧化污泥活性较好,反应速度较快,在进水负荷提升的情况下,厌氧氨氧化污泥脱氮效率依然良好。

(2) 在试验进行的第 33 天适当降低水浴温度,使反应器在 25 ℃条件下运行。降温后几天厌氧氨氧化反应器的脱氮效果受温度变化影响略有波动,在第 39 天,反应器出水 NH_4^+-N 和 NO_2^--N 浓度分别为 47.96 mg/L 和 41.28 mg/L,

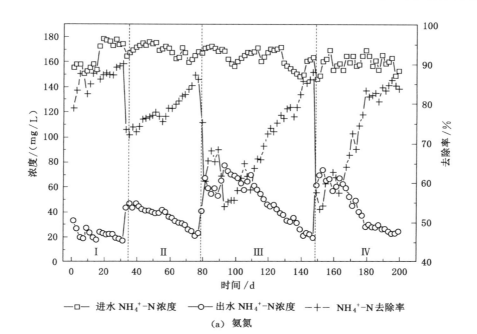

(a) 氨氮

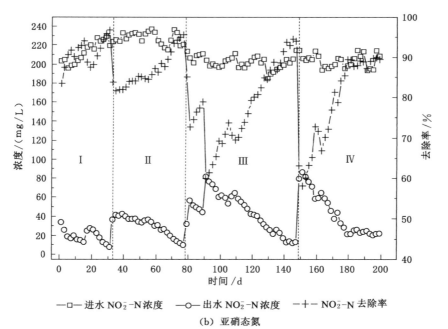

(b) 亚硝态氮

图 4-29　R2 反应器氨氮及亚硝态氮浓度及去除率变化

NH_4^+-N 和 NO_2^--N 的去除率分别为 72.34% 和 82.84%。

到了第 65 天,出水 NH_4^+-N 和 NO_2^--N 浓度分别为 31.88 mg/L 和 29.28 mg/L,NH_4^+-N 和 NO_2^--N 的去除率分别为 81.87% 和 87.42%。随着反应时间的增加,厌氧氨氧化污泥活性逐渐恢复,到了第 77 天,反应器出水 NH_4^+-N 和 NO_2^--N 浓度分别为 22.16 mg/L 和 10.27 mg/L,NH_4^+-N 和 NO_2^--N 的去除率分别为 86.59% 和 95.98%。

在 25 ℃ 条件下,温度的降低对厌氧氨氧化污泥影响不大,反应器受温度影响脱氮效果出现波动情况,但恢复平稳运行较快。

(3) 在试验开始的第 79 天,再次降低温度,使反应器在 20 ℃ 条件下运行。受温度下降的影响,在第 81 天,反应器出水 NH_4^+-N 和 NO_2^--N 浓度分别为 68.57 mg/L 和 58.79 mg/L,NH_4^+-N 和 NO_2^--N 的去除率分别为 60.95% 和 73.38%,反应器内厌氧氨氧化污泥的活性受到抑制,厌氧氨氧化反应速率下降且恢复较慢,适当降低水力负荷条件(进水 NH_4^+-N 和 NO_2^--N 浓度分别为 210 mg/L 和 170 mg/L 左右),以维持反应器正常运行。到了第 91 天,反应器出水 NH_4^+-N 和 NO_2^--N 浓度分别为 79.17 mg/L 和 78.53 mg/L,NH_4^+-N 和 NO_2^--N 的去除率分别为 54.77% 和 62.83%。

反应器脱氮速率上升缓慢,投加 100 mg/L ZVI 加强厌氧氨氧化菌活性,将经预处理的铁粉放置进反应器内,由于铁粉的单位质量较大,在反应器内会持续沉降,最终可以通过排泥口随污泥一起排出,经过清洗后将 ZVI 洗出达到更换填料的目的,从而避免 ZVI 板结对试验的影响。到了第 117 天,反应器出水 NH_4^+-N 和 NO_2^--N 浓度分别为 47.63 mg/L 和 40.98 mg/L,NH_4^+-N 和 NO_2^--N 的去除率分别为 73.69% 和 79.16%。

在 20 ℃ 条件下,在试验开始的第 127 天左右,反应器的停留时间出现突然变长的情况,经检查发现是由于 ZVI 在反应器中下沉至进水口处富集堵塞了进水口,导致进水的水流速度较小,故而进一步导致了 ZVI 的沉降,最终完全堵塞了进水口,使反应器运行被迫停止。疏通进水口后反应器恢复正常运行。随后的试验过程中需要定期清洗进水口处的阀门,以维持反应器的正常运行。

到了反应开始的第 129 天,受之前进水口堵塞影响,厌氧氨氧化污泥活性降低明显,反应器内出现轻微异味,反应器出水 NH_4^+-N 和 NO_2^--N 浓度分别为 39.83 mg/L 和 29.78 mg/L,NH_4^+-N 和 NO_2^--N 的去除率分别为 76.46% 和 84.75%。随着堵塞问题的解决,厌氧氨氧化反应器逐渐恢复正常运行,到了第 141 天,反应器出水 NH_4^+-N 和 NO_2^--N 浓度分别为 24.84 mg/L 和 13.67 mg/L,NH_4^+-N 和 NO_2^--N 的去除率分别为 85.36% 和 93.53%。到了第 141 天之后,反应器 NH_4^+-N 去除率维持在 85%～86%,NO_2^--N 去除率维持在 94% 左右,总体上变化不大。

在 20 ℃条件下,受环境温度影响,厌氧氨氧化反应速率较慢,投加 ZVI 后,厌氧氨氧化反应速率有所提升。

(4) 在试验开始的第 149 天,降低水浴温度,使反应器在 15 ℃条件下运行。在温度刚降低的几天里,厌氧氨氧化污泥受到环境温度降低的冲击,活性受到抑制,且有一定的污泥上浮情况发生,脱氮效果相对较差。在第 153 天,反应器出水 NH_4^+-N 和 NO_2^--N 浓度分别为 73.17 mg/L 和 80.87 mg/L,NH_4^+-N 和 NO_2^--N 的去除率分别为 58.58% 和 60.25%。随着培养时间的增加,厌氧氨氧化污泥逐渐适应,脱氮效果回升,在第 161 天,反应器出水 NH_4^+-N 和 NO_2^--N 浓度分别为 68.17 mg/L 和 65.47 mg/L,NH_4^+-N 和 NO_2^--N 的去除率分别为 57.94% 和 66.28%。到了第 175 天,反应器出水 NH_4^+-N 和 NO_2^--N 浓度分别为 40.67 mg/L 和 31.88 mg/L,NH_4^+-N 和 NO_2^--N 的去除率分别为 74.93% 和 84.61%。随后到了第 183 天,NH_4^+-N 和 NO_2^--N 的去除率分别为 83.24% 和 87.59%,之后反应器的脱氮效果较为稳定,从第 183 天开始到第 199 天时,NH_4^+-N 的去除率一直维持在 80.96%～86.66%,最后稳定在 85% 左右,NO_2^--N 去除率一直维持在 87.86%～89.93%,最后稳定在 89% 左右。

如图 4-30 所示,在 30 ℃时初期进水 TN 容积负荷控制在 2.20 kg/(m^3·d)左右,在试验开始的第 15 天,TN 去除负荷达到了 1.98 kg/(m^3·d),在第 17 天,适当提升进水容积负荷,控制在 2.28～2.38 kg/(m^3·d)。第 27～31 天,TN 去除负荷在 2.21～2.25 kg/(m^3·d),到了第 31 天,TN 去除负荷达到 2.19 kg/(m^3·d)。随后降低反应器温度为 25 ℃,在 25 ℃条件下,反应器受到一定影响,TN 去除负荷降低到 1.86 kg/(m^3·d),在第 69 天恢复到 2.05 kg/(m^3·d),随后逐渐稳定在 2.1 kg/(m^3·d)左右。

随着温度的不断降低,厌氧氨氧化污泥活性受到一定抑制,去除负荷也随之降低,适当降低反应器进水 TN 负荷到 2.1 kg/(m^3·d)左右。温度刚降低到 20 ℃的几天里,厌氧氨氧化污泥受温度影响较为严重,在第 81～91 天,TN 去除负荷在 1.25～1.37 kg/(m^3·d)。在第 97 天向反应器内投加 100 mg/L 的 ZVI,到了第 111 天左右,TN 去除负荷在 1.36 kg/(m^3·d)左右。由于 ZVI 在反应器内缓慢沉降,在第 127 天出现堵塞问题,影响了厌氧氨氧化反应器的运行,TN 去除负荷下降至 1.63 kg/(m^3·d),经过处理后,反应器逐渐恢复正常运行,在第 145 天,在进水 TN 为 2.13 kg/(m^3·d)的情况下,TN 去除负荷达到了 1.99 kg/(m^3·d)。

当温度下降到 15 ℃时,厌氧氨氧化污泥活性受温度下降影响较大,TN 去除负荷波动也较大,在第 151～171 天,TN 去除负荷在 1.19～1.63 kg/(m^3·d)波动。到了第 173 天之后,TN 去除负荷维持在 1.61～1.96 kg/(m^3·d),去除

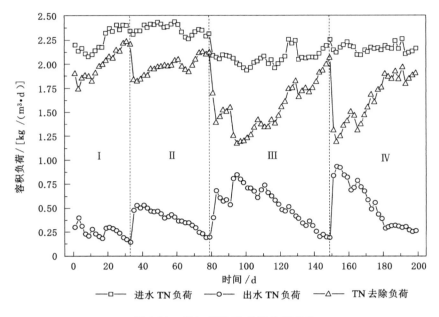

图 4-30　投加 ZVI 后总氮负荷变化

率提高。

4.5.1.2　pH 值、DO 及氧化还原电位的长期变化

（1）pH 值的变化

如图 4-31 所示，在逐渐降温条件下向系统内投加 ZVI 后，pH 值与未投加填料时相比变化不大。在环境温度为 30～25 ℃时，反应器出水 pH 值维持在厌氧氨氧化菌较为适宜的 7.6～8.4。在投加 ZVI 后的所有降温阶段出水 pH 值均稳定在 7.8～8.4，温度的降低对反应器出水 pH 值影响不大，由于厌氧氨氧化本身即为产碱反应，出水 pH 值较为稳定，少剂量的 ZVI 投加对整体 pH 值影响不大。

（2）溶解氧（DO）的变化

向厌氧氨氧化反应系统内投加 ZVI 后，反应系统出水 DO 出现明显下降情况，如图 4-32 所示。

在反应器环境温度为 30～25 ℃时，反应器出水 DO 维持在 0.5 g/m³ 左右，如在第 4 天，出水 DO 为 0.49 g/m³；在第 24 天，出水 DO 为 0.53 g/m³；在第 56天，出水 DO 为 0.55 g/m³。

在第 97 天向反应器内投加 ZVI 后，反应器内 DO 出现下降趋势，在第 108天反应器出水 DO 为 0.32 g/m³，随后几天里，出水 DO 略有反复，发现是由于试

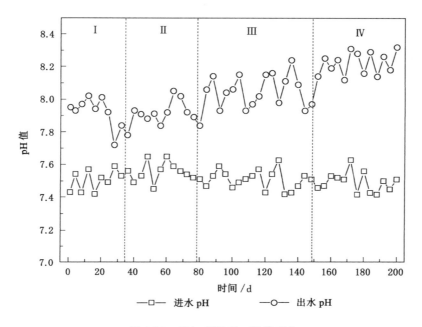

图 4-31　投加 ZVI 后 pH 值变化

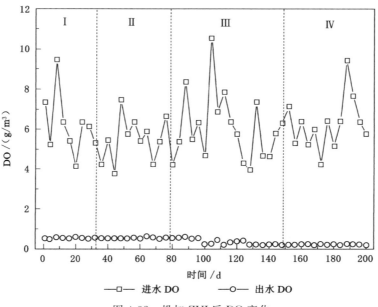

图 4-32　投加 ZVI 后 DO 变化

验投加的 ZVI 分量相对较少，且为一次性投加，在投加后的第 8 天出现了板结情况，从而导致了 DO 的上升。在随后的试验中，每隔 6～7 天更换一次反应器中的铁粉，以保证试验正常进行。

随着试验天数的增加，逐渐降低反应器内部温度，到了第 149 天，反应器温度下降为 15 ℃，反应器内 DO 没有受环境温度下降的影响，维持在 0.32～0.21 g/m³。

由上可见，随着时间的增加，反应器内 DO 有下降趋势，与试验前期（30 ℃、25 ℃）相比，试验后期（20 ℃、15 ℃）反应器 DO 略低，分析认为这是由于相较于试验前期，试验后期反应器内的 ZVI 含量较大。虽然在整个试验过程中，为避免填料发生板结，每隔 6～7 d 就会更换一次反应器内的 ZVI 填料，且由于 ZVI 相对质量较大，在反应器内通常会沉降聚集在反应器底部，可以通过排泥口放出，但由于 ZVI 在反应器内部沉降速度不均匀，虽然定期清理，但试验后期反应器内还是存在 ZVI 的积累，故而试验后期反应器内的 ZVI 含量略高于试验前期，导致在试验后期反应器内 DO 略低于试验前期。

综上可知，ZVI 的投加可以进一步降低反应器内的 DO，为厌氧氨氧化菌提供更加适宜的环境。

（3）氧化还原电位的变化

有研究人员认为，将零价铁置于反应器中，可以有效降低反应器系统内的氧化还原电位，促进厌氧还原氛围，有助于厌氧微生物的生长[8]。如图 4-33 所示，进水氧化还原电位在 −25～−5 mV 波动，而在未投加 ZVI 时，出水氧化还原电位在 −47～−31 mV 波动。投加 ZVI 一段时间后，氧化还原电位出现下降趋势，出水氧化还原电位维持在 −55 mV 以下，最低可以达到 −93 mV。在温度降低到 15 ℃之后，氧化还原电位也略有下降，推测是由于 ZVI 的堆积，导致反应器内实际的 ZVI 比刚开始试验时要多，故而氧化还原电位略有下降。

4.5.1.3　污泥 MLSS、MLVSS 以及 MLVSS/MLSS 的长期变化

逐渐降温条件下投加 ZVI 后，污泥 MLSS、MLVSS 以及 MLVSS/MLSS 变化如图 4-34 所示。由图可见，随着温度的降低，污泥 MLSS、MLVSS 呈下降趋势。在 30 ℃ 条件下，环境温度较为适宜，反应器运行稳定，污泥活性较好，在第 27 天测得污泥 MLSS 为 9 842.82 mg/L，MLVSS 为 8 592.78 mg/L，MLVSS/MLSS 为 0.873。当温度处于 30～25 ℃时，污泥 MLSS、MLVSS 整体呈现增长趋势，在 25 ℃时 MLSS 最高达到 9 883.54 mg/L，此时 MLVSS/MLSS 为 0.853。

当温度继续下降，到了 20 ℃后向反应器内投加 ZVI，MLSS 出现波动现象，虽然投加 ZVI 后 MLSS 略有提升，但总体来说变化不大，厌氧氨氧化污泥受温

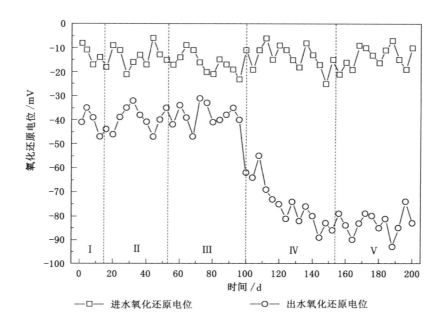

图 4-33　投加 ZVI 后氧化还原电位变化

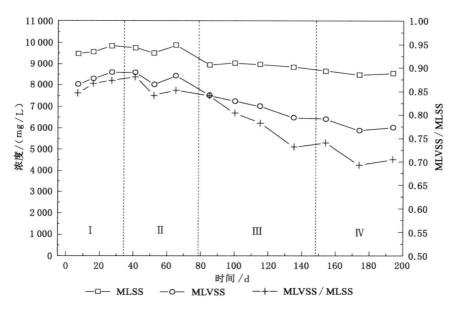

图 4-34　投加 ZVI 后污泥 MLSS、MLVSS、MLVSS/MLSS 变化

度影响 MLSS 依然呈现下降趋势。在 20 ℃条件下经过一段时间的培养，在第 100 天测得 MLSS 为 9 012.93 mg/L，MLVSS/MLSS 为 0.804，污泥活性呈下降趋势，有机成分减少。当温度处于 15 ℃后，污泥活性受温度抑制明显，投加 ZVI 对污泥活性有一定程度的促进，但由于温度较低，MLSS 出现降低趋势，MLVSS/MLSS 数值明显降低，降低到 0.7 左右。

4.5.1.4　EPS 各组分的动态变化及污泥形态的长期变化

EPS 是由微生物分泌的，包裹在细胞外面的有机物。EPS 的组成成分比较复杂，它有利于微生物在外界环境发生不利改变的情况下维持活性，帮助微生物保持稳定。EPS 占生物膜总质量的 50%～80%，是微生物的主要组成成分之一[9]。EPS 的主要成分为蛋白质（PN）与多糖（PS）。

由图 4-35、图 4-36 可以看出，ZVI 投加后，随着温度的降低，EPS 含量有升高趋势，EPS 含量与温度呈现负相关关系。Wilén 等[10]研究污水厂污泥性状时发现，冬季时微生物分泌的 EPS 含量高于夏季，与本试验趋势相似。当温度从 30 ℃下降到 15 ℃时，EPS 的含量逐渐增加，在 15 ℃时 EPS 含量达到最大。当温度初步降至 25 ℃时（Ⅰ和Ⅱ阶段），EPS 各组分含量均呈轻微上升趋势；当温度处于 20～15 ℃时，蛋白质与多糖含量增大，多糖所占比例上升，PS/PN 值也随之增大；在温度降到 15 ℃后，PS/PN 维持在 0.26 左右。

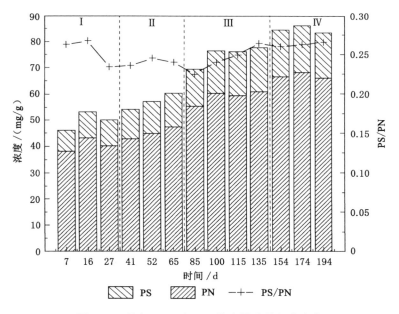

图 4-35　投加 ZVI 后 EPS 的含量及其组分变化

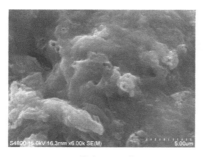
(a) 放大 6 000 倍

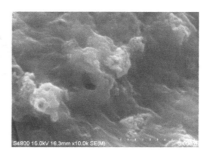
(b) 放大 10 000 倍

图 4-36　电镜下投加 ZVI 后的污泥

在 30 ℃时,EPS 总量最低,为 47.56 mg/g;在 25 ℃时,EPS 总量略有上升,为 52.99 mg/g。当温度在 25～30 ℃时,EPS 总量变化波动不大,PS/PN 值维持在 0.23～0.26。但温度下降至 20 ℃后,EPS 含量有明显提升,蛋白质与多糖的含量均有提升,当投加 ZVI 到反应器之后,温度的改变和 ZVI 的投加迫使微生物分泌更多的 EPS,从而抵抗环境的不利变化。EPS 含量的增加,使微生物聚集得更加紧密,污泥颗粒疏水性增强,沉降性能也随之增加。当温度在 20 ℃时,在第 85 天测得蛋白质含量为 55.34 mg/g,PS/PN 值为 0.22;投加 ZVI 后,在第 100 天测得蛋白质含量为 60.28 mg/g,PS/PN 值为 0.24,随后在第 135 天PS/PN 值上升为 0.26,多糖占比增加。

当温度下降到 15 ℃时,EPS 含量最大为 86.23 mg/g,PS/PN 值最终可达到0.26 左右。在 EPS 的主要组成成分中,蛋白质为主要的疏水成分,多糖为亲水成分,当温度较低时,EPS 含量增大,污泥颗粒变大,沉降性能增强。

4.5.2　低温胁迫下 Fe-C 颗粒对厌氧氨氧化反应器影响的连续流试验

4.5.2.1　脱氮性能的长期变化

本试验采用逐渐降温的方式,探究低温胁迫下 Fe-C 颗粒对厌氧氨氧化菌脱氮性能的影响。厌氧氨氧化反应器脱氮性能变化如图 4-37 所示。

(1) 当温度处于 30 ℃条件下时,厌氧氨氧化反应器运行稳定,厌氧氨氧化菌活性较好。在试验开始的第 1 天,R1 反应器反应温度刚从低温(15 ℃)条件下上升至 30 ℃不久,反应器还需一段时间适应环境温度的改变,检测到出水 NH_4^+-N 和 NO_2^--N 浓度分别为 32.95 mg/L 和 33.66 mg/L,NH_4^+-N 和 NO_2^--N 的去除率分别为 78.77％和 83.46％。当试验进行到第 5 天时,出水 NH_4^+-N 和 NO_2^--N 浓度分别为 19.87 mg/L 和 18.68 mg/L,NH_4^+-N 和 NO_2^--N 的去除率分别为 87.45％和90.46％。在第 17 天适当提升进水负荷(NH_4^+-N 进水浓度为 170 mg/L,NO_2^--N

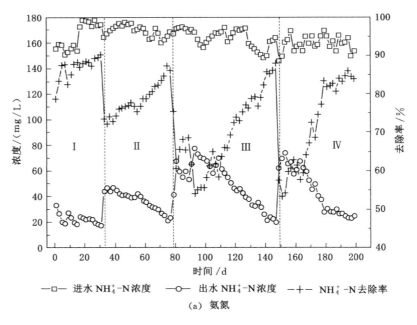

—□— 进水 NH_4^+-N浓度　　—○— 出水 NH_4^+-N浓度　　—+— NH_4^+-N去除率

(a) 氨氮

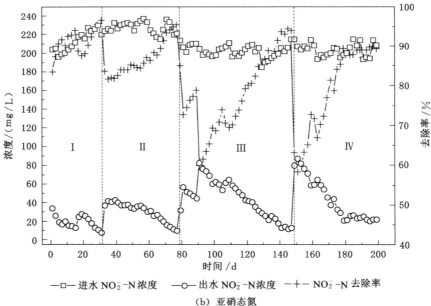

—□— 进水 NO_2^--N浓度　　—○— 出水 NO_2^--N浓度　　—+— NO_2^--N去除率

(b) 亚硝态氮

图 4-37　投加 Fe-C 颗粒后氨氮、亚硝态氮浓度及去除率变化

进水浓度为 220 mg/L），在第 31 天时，出水 NH_4^+-N 和 NO_2^--N 浓度分别为 17.06 mg/L 和 7.35 mg/L，NH_4^+-N 和 NO_2^--N 的去除率分别为 90.20% 和 96.65%。

在 30 ℃ 条件下，厌氧氨氧化菌活性较高，在试验过程中受环境因素影响而降低的脱氮效果恢复较快，在进水浓度增加的情况下，反应器的脱氮效果依旧良好。

（2）在试验进行的第 33 天，降低反应器运行温度，使反应器在 25 ℃ 条件下运行。在第 35 天，反应器受温度降低的影响，脱氮效果降低，出水 NH_4^+-N 和 NO_2^--N 浓度分别为 46.58 mg/L 和 41.43 mg/L，NH_4^+-N 和 NO_2^--N 的去除率分别为 72.17% 和 81.66%。到了第 45 天，反应器出水 NH_4^+-N 和 NO_2^--N 浓度分别为 40.82 mg/L 和 36.93 mg/L，NH_4^+-N 和 NO_2^--N 的去除率分别为 76.41% 和 84.04%。随着运行时间的增加，反应器运行状态越来越好，在试验开始的第 71 天，反应器出水 NH_4^+-N 和 NO_2^--N 浓度分别为 26.13 mg/L 和 15.74 mg/L，NH_4^+-N 和 NO_2^--N 的去除率分别为 83.65% 和 93.35%。试验继续进行，在第 73 天至第 77 天，反应器 NH_4^+-N 和 NO_2^--N 的去除率分别维持在 84.62% 以上和 94.08% 以上。

在 25 ℃ 条件下，虽然温度下降不多，但厌氧氨氧化污泥活性还是会受温度变化影响，NH_4^+-N 和 NO_2^--N 的去除率均会出现波动情况，且降低反应器内温度后，反应器脱氮速率的恢复速度与 30 ℃ 时相比也比较慢。

（3）在试验开始的第 79 天，降低反应器运行温度到 20 ℃，在 20 ℃ 条件下驯化培养厌氧氨氧化污泥。温度改变之后，受环境温度影响，厌氧氨氧化污泥活性受到抑制，在第 81 天，反应器出水 NH_4^+-N 和 NO_2^--N 浓度分别为 67.39 mg/L 和 56.38 mg/L，NH_4^+-N 和 NO_2^--N 的去除率分别为 60.53% 和 72.68%。当反应进行到第 89 天时，反应器出水 NH_4^+-N 和 NO_2^--N 浓度分别为 53.18 mg/L 和 44.39 mg/L，NH_4^+-N 和 NO_2^--N 的去除率分别为 68.41% 和 78.88%。

在 20 ℃ 条件下，厌氧氨氧化反应速度较慢，随着驯化时间的增长，去除率提高不明显，向反应器内投加经过预处理的 Fe-C 颗粒，以强化厌氧氨氧化菌在低温胁迫下的活性。在投加 Fe-C 颗粒后的第二天检测到反应器内 pH 值出现快速增长的情况，pH 值最高达到 10.2 左右，厌氧氨氧化污泥活性受到影响，在第 93 天测得反应器出水 NH_4^+-N 和 NO_2^--N 浓度分别为 77.29 mg/L 和 76.29 mg/L，NH_4^+-N 和 NO_2^--N 的去除率分别为 54.06% 和 61.50%。分析认为这是由于 Fe-C 颗粒添加过多，反应器内部空间相对较为狭小。批式试验时 Fe-C 颗粒在反应瓶中相对比较分散，而连续试验时 Fe-C 颗粒的投加方式导致颗粒相对集中，再加上反应器空间狭小，就导致 pH 值上升过快。解决办法为：① 适当减少投加颗粒数量，从 100 g 开始逐渐降低；② 降低进水 pH 值为

6.8～7.0,部分中和反应器内的 pH 值。

到了第 101 天,厌氧氨氧化污泥活性逐渐恢复,脱氮速率开始回升,当日反应器出水 NH_4^+-N 和 NO_2^--N 浓度分别为 67.18 mg/L 和 61.93 mg/L,NH_4^+-N 和 NO_2^--N 的去除率分别为 58.11% 和 68.65%。在第 131 天,反应器出水 NH_4^+-N 和 NO_2^--N 浓度分别为 33.28 mg/L 和 25.30 mg/L,NH_4^+-N 和 NO_2^--N 的去除率分别为 78.79% 和 86.69%。在第 147 天,反应器 NH_4^+-N 和 NO_2^--N 的去除率分别为 87.98% 和 93.99%。

在 20 ℃ 条件下,随着温度的进一步降低,厌氧氨氧化污泥受温度影响活性降低现象较为明显。降低温度后,污泥对环境变化的适应时间相应拉长,投加 Fe-C 颗粒可以在一定程度上缩短污泥的适应时间,加强厌氧氨氧化污泥的活性,使之可以更好地适应温度的改变。

(4)试验开始的第 149 天,进一步降低温度,调整水浴温度使反应器内温度在 15 ℃ 左右。在第 153 天,反应器出水 NH_4^+-N 和 NO_2^--N 浓度分别为 73.64 mg/L 和 81.46 mg/L,NH_4^+-N 和 NO_2^--N 的去除率分别为 54.10% 和 60.04%。由于是逐步降温,厌氧氨氧化反应受降温影响比预想的要好一些,Fe-C 颗粒的投加加强了厌氧氨氧化菌的活性,反应器脱氮速率恢复速度较快。到了第 167 天,反应器出水 NH_4^+-N 和 NO_2^--N 浓度分别为 59.25 mg/L 和 54.25 mg/L,NH_4^+-N 和 NO_2^--N 的去除率分别为 64.09% 和 72.23%。到了第 183 天,反应器出水 NH_4^+-N 和 NO_2^--N 浓度分别为 28.03 mg/L 和 25.35 mg/L,NH_4^+-N 和 NO_2^--N 的去除率分别为 82.15% 和 87.68%。在此之后反应器的 NH_4^+-N 去除率可以维持在 82% 左右(略有浮动),NO_2^--N 的去除率维持在 88% 左右。到了第 199 天,反应器出水 NH_4^+-N 和 NO_2^--N 浓度分别为 24.68 mg/L 和 21.92 mg/L,NH_4^+-N 和 NO_2^--N 的去除率分别为 83.90% 和 88.84%。

在 15 ℃ 条件下,厌氧氨氧化污泥受温度影响较大,投加 Fe-C 颗粒后,污泥适应外界环境变化的速度增快。

厌氧氨氧化反应器 TN 负荷变化如图 4-38 所示。在 30 ℃ 条件下,在第 1～9 天,进水 TN 容积负荷在 2.10 kg/(m^3 · d)左右,TN 去除负荷在 1.74～1.87 kg/(m^3 · d)。随后适当提升进水 TN 负荷至 2.32 kg/(m^3 · d)以上,在第 27 天,TN 去除负荷达到 2.21 kg/(m^3 · d),厌氧氨氧化反应器在 30 ℃ 条件下运行状况良好。

当温度下降到 25 ℃ 时,厌氧氨氧化污泥受温度下降影响恢复较快,25 ℃ 时,进水 TN 容积负荷为 2.31～2.41 kg/(m^3 · d),在第 43 天 TN 去除负荷为 1.95 kg/(m^3 · d),到了第 69 天 TN 去除负荷稳定在 2.10 kg/(m^3 · d)以上,在第 69～77 天,TN 去除负荷为 2.04～2.12 kg/(m^3 · d)。

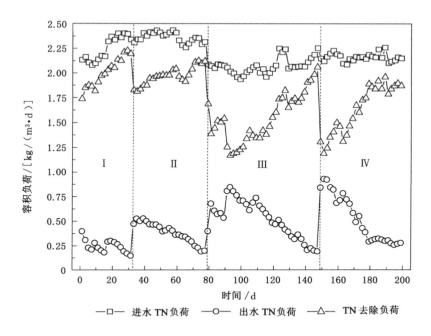

图 4-38　投加 Fe-C 颗粒后总氮负荷变化

当温度下降到 20 ℃后,厌氧氨氧化污泥受温度影响后活性恢复较慢,适当降低进水 TN 容积负荷,使进水 TN 容积负荷处于 2.00 kg/(m³·d)左右,厌氧氨氧化反应器脱氮速率恢复缓慢,投加 Fe-C 颗粒加强污泥活性。受 Fe-C 颗粒投加后 pH 值上升影响,在第 91 天,TN 去除负荷下降至 1.25 kg/(m³·d)。随后经过一段时间培养,到了第 121 天,TN 去除负荷恢复到 1.61 kg/(m³·d),到了第 141 天达到 1.91 kg/(m³·d)。

温度继续下降到 15 ℃后,受温度降低影响,在第 153 天,TN 去除负荷最低降至 1.25 kg/(m³·d)。投加 Fe-C 颗粒并经过 18 d 的培养,厌氧氨氧化污泥活性恢复较快,到了第 171 天 TN 去除负荷上升为 1.68 kg/(m³·d),在试验开始的第 193 天之后,TN 去除负荷稳定在 1.88 kg/(m³·d)左右。

4.5.2.2　pH 值、DO 及氧化还原电位的长期变化

(1) pH 值变化

如图 4-39 所示,在 30～25 ℃未投加 Fe-C 颗粒时,厌氧氨氧化反应器出水 pH 值稳定在 7.8～8.1。而在 20 ℃时投加 Fe-C 颗粒后,由于铁碳微电解作用,在有溶解氧存在的情况下,阴极有 OH⁻ 产生,反应器内的 pH 值明显升高。在试验刚开始的几天,由于投加 Fe-C 颗粒过多,出现反应系统内 pH 值上升过大的情况,在试

验开始的第 92 天,反应器进水 pH 值为 6.81,出水 pH 值高达 10.2,上升的 pH 值已经开始影响厌氧氨氧化系统的脱氮效果。在取出部分填料后,pH 值又恢复到厌氧氨氧化菌较为适宜的范围。分析认为,这是由于反应器的反应空间相对较小,大量的 Fe-C 颗粒聚集在一起,发生微电解反应,释放出的 OH⁻ 在局部范围内浓度过大,从而导致了 pH 值的快速增长。通过减少填料的投加量,缩短更换填料的时间间隔,控制反应器内 pH 值稳定。

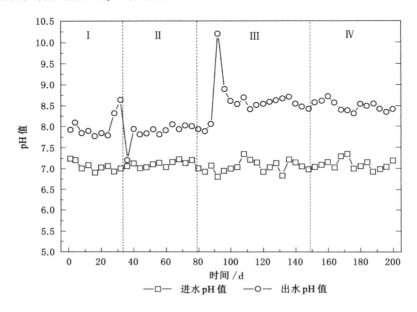

图 4-39　Fe-C 颗粒对 pH 值的影响

从图 4-39 可以看出,反应器出水 pH 值与温度无直接关系,在各个温度梯度下反应器出水 pH 值虽有波动,但并无明显差别,投加 Fe-C 颗粒后出水 pH 值主要维持在 8.3～8.6。

（2）溶解氧（DO）变化

从图 4-40 可以看出,投加 Fe-C 颗粒对反应器内部 DO 影响较小。在未投加 Fe-C 颗粒时,出水 DO 在 0.5 g/cm³ 以上,在 0.51～0.57 g/cm³ 波动。投加 Fe-C 颗粒后,出水 DO 多在 0.5 g/cm³ 以下,在 0.49～0.42 g/cm³ 波动。投加 Fe-C 颗粒后,反应器内的 DO 略有下降,但不如投加 ZVI 时下降的明显,投加 Fe-C 颗粒对反应环境的影响主要为影响反应环境的 pH 值。

（3）氧化还原电位变化

如图 4-41 所示,投加 Fe-C 颗粒后氧化还原电位出现降低趋势。试验刚开

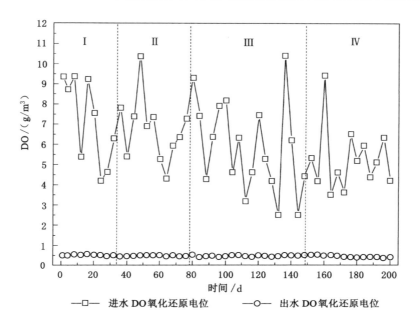

图 4-40　Fe-C 颗粒对溶解氧(DO)的影响

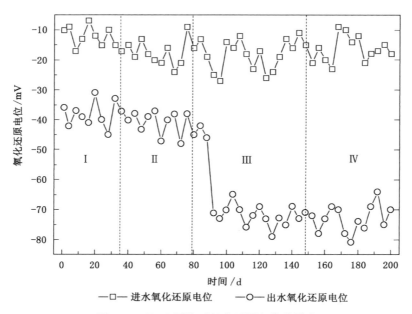

图 4-41　Fe-C 颗粒对氧化还原电位的影响

始时受外界环境变化影响,厌氧氨氧化体系失衡,各项指标均出现波动现象,氧化还原电位也出现升高现象。待培养一段时间后,厌氧氨氧化污泥状态稳定,氧化还原电位也随之恢复。Fe-C 颗粒投加后,反应器出水氧化还原电位出现下降趋势,20 ℃条件下,在试验开始的第 92 天,氧化还原电位下降至 −70 mV,随后就一直在 −65～−79 mV 波动。随着温度继续下降,在 15 ℃条件下,试验开始的第 156 天,反应器出水氧化还原电位为 −78 mV。低温条件下,氧化还原电位最低值呈现下降趋势,但整体波动不大,受温度影响不明显,推测降低原因是 Fe-C 颗粒的投加。随着投加时间的增长,虽然有更换填料的操作,但由于部分填料的解体,反应器内部存在一定程度的 Fe-C 颗粒残留,导致试验后期氧化还原电位呈轻微下降趋势。

4.5.2.3 污泥 MLSS、MLVSS 以及 MLVSS/MLSS 的长期变化

在逐渐降温条件下投加 Fe-C 颗粒后,反应器内污泥 MLSS、MLVSS 以及 MLVSS/MLSS 的变化如图 4-42 所示。在 30 ℃时,第 19 天 R1 反应器 MLSS 为 11 482.53 mg/L,反应器内污泥浓度较大,MLVSS/MLSS 为 0.815,污泥活性较好,有机质含量较高。当温度下降至 25 ℃时,R1 反应器 MLSS 略有波动,但依然维持较高的浓度,在第 65 天达到 10 745.63 mg/L,MLVSS/MLSS 为 0.781。

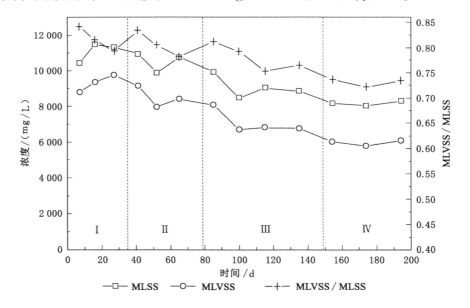

图 4-42 Fe-C 颗粒对污泥 MLSS、MLVSS 及 MLVSS/MLSS 的影响

当温度下降到 20 ℃时,投加 Fe-C 颗粒后,受 pH 值升高影响,环境条件

发生改变,污泥浓度出现下降趋势。试验开始的第 100 天,R1 反应器 MLSS 为 8 464.22 mg/L,MLVSS 为 6 703.66 mg/L,MLVSS/MLSS 为0.792,污泥内有机含量下降,污泥受到温度降低的影响。当培养一定时间后,污泥虽适应了温度的变化,但污泥浓度变化不大,没出现与前期一致的上涨趋势。当温度继续下降到 15 ℃后,污泥活性呈现下降趋势,同时 MLVSS/MLSS 也出现了下降现象。当温度达到 15 ℃,在降低温度的头几天里,出现污泥上浮现象,MLSS 下降明显,待运行一段时间反应器稳定后,污泥浓度再度上升。在温度下降至 15 ℃ 25 d 后,测得 R1 反应器 MLSS 为 8 032.48 mg/L,MLVSS 为 5 791.42 mg/L,MLVSS/MLSS 为 0.721。

4.5.2.4　EPS 各组分的动态变化及污泥形态长期变化

由图 4-43 可以看出,EPS 总量与温度呈现负相关关系,温度下降时,EPS 总量升高。

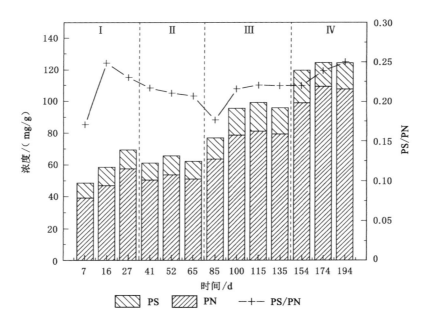

图 4-43　Fe-C 颗粒对 EPS 的含量及其组分的影响

EPS 作为微生物对抗外界不利条件的产物,在试验开始时,在 30～25 ℃条件下,厌氧氨氧化污泥对环境温度条件较为适应,活性良好,当温度发生改变时 EPS 总量略有增加,但总体增幅不大。

当温度下降至 20 ℃后,污泥活性受到影响,投加 Fe-C 颗粒后反应器内 pH

值上升明显,相较于未投加填料时,EPS 总量增加明显。投加 Fe-C 颗粒后,受 pH 值升高过快影响,污泥处于不利环境,分泌的 EPS 增多,故而在第 100 天测得的 EPS 总量明显高于之前未投加 Fe-C 颗粒时的 EPS 总量,PN 含量达到 78.45 mg/g,PS 含量达到 16.71 mg/g,PS/PN 值为 0.213。

随着环境温度的下降,污泥逐渐适应了环境条件的改变,在低温和投加 Fe-C 颗粒的条件下,促使细菌分泌 EPS。当温度下降到 15 ℃后,蛋白质与多糖含量均呈增加趋势,多糖所占比例明显增大,且经过一段时间的驯化,EPS 总量减少不明显,PS/PN 值增加至 0.22 以上,此时的上浮污泥增多且颗粒较大,颗粒较为松散,如图 4-44 所示。

(a) ×4 000   (b) ×10 000

图 4-44 电镜下的污泥

4.6 结论与展望

4.6.1 结论

本章在逐渐降温条件下,分别在厌氧氨氧化反应系统内投加 ZVI 以及 Fe-C 颗粒,对厌氧氨氧化污泥脱氮效果以及污泥性状进行深入研究,所得主要结论如下:

(1) 经过 4 个阶段:菌体自溶阶段、活性迟滞阶段、活性提升阶段、稳定运行阶段,成功稳定运行厌氧氨氧化系统。接种一部分成熟的厌氧氨氧化颗粒污泥,可以加快厌氧氨氧化系统的启动速度。启动过程中出现的污泥上浮问题,通过调整 HRT 与污泥粒径可以得到一定的缓解。

(2) 通过逐渐降温的方式将温度由 30 ℃降低到 15 ℃,厌氧氨氧化污泥受温度影响,活性下降。当温度为 30 ℃时,厌氧氨氧化污泥脱氮效果最佳,R1、R2 反应器 TN 去除率均可达到 90% 以上。当温度逐渐降低到 15 ℃时,R1、R2 反应器 TN 去除率与 30 ℃时相比分别降低了 16.86 个百分点和 16.58 个百分点，且温度降低后，污泥沉降性能变差，上浮污泥增多，且上浮污泥颗粒增大。

（3）通过批式试验考察投加 ZVI 以及 Fe-C 颗粒对厌氧氨氧化反应的短期影响，结果表明，投加 100 g/L 的 ZVI 时对厌氧氨氧化反应促进效果最佳；投加 Fe∶C 为 2∶1 的 Fe-C 颗粒时，对厌氧氨氧化反应促进效果最佳。

（4）考察了低温胁迫下向反应器分别投加 ZVI 以及 Fe-C 颗粒对厌氧氨氧化反应的影响，观察反应器脱氮效果后发现，投加 ZVI 和 Fe-C 颗粒对厌氧氨氧化工艺均有促进作用，经过一段时间的驯化培养，脱氮效果均优于无填料投加组。其中投加 Fe-C 颗粒对厌氧氨氧化的促进效果优于投加 ZVI，但日常维护上投加 Fe-C 颗粒比投加 ZVI 更烦琐。投加 ZVI 时需小心填料堵塞进水口，注意疏通；而投加 Fe-C 颗粒时需注意控制 pH 值上升速度，避免 pH 值上升过快影响污泥活性。

（5）考察了低温胁迫下投加 ZVI 以及 Fe-C 颗粒对厌氧氨氧化反应器环境条件的改变。投加 ZVI 可明显降低反应系统内的 DO，为厌氧氨氧化反应提供适宜的环境；投加 Fe-C 颗粒后，反应器内 pH 值上升明显，出水 pH 值处于 8.3～8.6。投加 ZVI 以及 Fe-C 颗粒均可以刺激污泥分泌更多的 EPS，从而在低温条件下维持菌体活性。

4.6.2　创新点

（1）明确了低温胁迫下投加 ZVI 对厌氧氨氧化污泥脱氮效能以及污泥性状的影响，为低温处理废水提供依据。

（2）明确了低温胁迫下投加 Fe-C 颗粒对厌氧氨氧化污泥脱氮效能以及污泥性状的影响，为低温处理废水提供依据。

4.6.3　展望

本章所涉及的一些理论和方法还需要继续深入探求，在后续试验设计等方面还需要多加改进：

（1）本章对于 ZVI 以及 Fe-C 颗粒投加后对厌氧氨氧化的影响只做了浅层次的分析，没有涉及机理机制等方面，下一阶段可进行深入研究。

（2）本试验在测量指标上有一定的局限性，后期可以通过增加其他测量项目进行优化。如下一阶段可以通过高通量测序技术分析微生物群落组成以及之间的相互关系。

（3）人工配水与实际污水成分存在差别，下一阶段应考虑实际生产过程中的菌种活性、脱氮效能以及反应器运行条件。

参考文献

[1] 刘淑丽,李建政,金羽.低温 SBR 系统活性污泥硝化效能的 pH 调控[J].哈尔滨工业大学学报,2014,46(6):39-43.

[2] 国家环境保护总局《水和废水监测分析方法》编委会.水和废水监测分析方法[M].4 版.北京:中国环境科学出版社,2002.

[3] 宁小芳.厌氧氨氧化系统启动及活性影响因子研究[D].徐州:中国矿业大学,2017.

[4] 黄晓丽.厌氧氨氧化菌的富集培养及优势菌 *Jettenia asiatica* 有机营养特性研究[D].哈尔滨:哈尔滨工业大学,2015.

[5] 向韬.低温厌氧氨氧化活性的维持及强化研究进展[J].辽宁化工,2016,45(7):891-892,894.

[6] 杨朝晖,徐峥勇,曾光明,等.不同低温驯化策略下的厌氧氨氧化活性[J].中国环境科学,2007,27(3):300-305.

[7] 邵兆伟,董志龙,曾立云,等.降温方式对厌氧氨氧化脱氮性能的影响[J].环境工程学报,2018,12(5):1443-1451.

[8] 邹义龙.电增强零价铁厌氧氨氧化处理猪场废水的研究[D].南昌:南昌大学,2014.

[9] MENG L, XI J Y, YEUNG M. Degradation of extracellular polymeric substances (EPS) extracted from activated sludge by low-concentration ozonation[J].Chemosphere,2016,147:248-255.

[10] WILÉN B-M, LUMLEY D, MATTSSON A, et al.Relationship between floc composition and flocculation and settling properties studied at a full scale activated sludge plant[J].Water research,2008,42(16):4404-4418.

[11] 间刚,徐乐中,沈耀良,等.快速启动厌氧氨氧化工艺[J].环境科学,2017,38(3):1116-1121.

第 5 章 中低温下外源添加 K⁺对厌氧氨氧化处理高盐度废水影响试验研究

5.1 试验材料与方法

UASB 反应器装置示意图如图 5-1 所示。

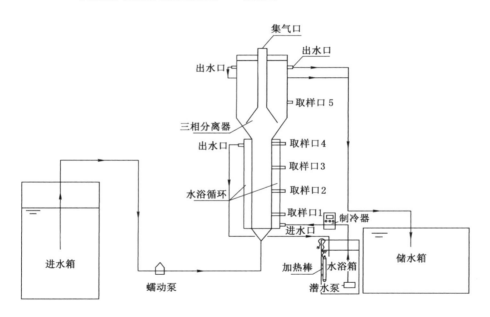

图 5-1 UASB 反应器装置示意图

5.1.1 试验设备仪器

本试验用到的主要设备仪器列于表 5-1 中。

表 5-1 试验用主要设备仪器

名称	型号	厂商
电子天平	PTX-FA120	福州华志科学仪器有限公司
紫外可见分光光度计	T6 新世纪	北京普析通用仪器有限责任公司
电热鼓风干燥箱	GZX-9246MEB	上海博迅实业有限公司医疗设备厂
马弗炉	SX2-12-10	沈阳市长城工业电炉厂
恒温振荡培养箱	HZQ-X100	常州市华怡仪器制造有限公司
便携式 pH 计/电导率仪	SX823	上海三信仪表厂
800 离心沉淀器	800	常州市江南实验仪器厂
离心机	DM0412	—
数显恒温水浴锅	HH-4	常州中捷实验仪器制造有限公司
蠕动泵	BT300M-YZ1515x	保定创锐泵业有限公司
数显温度计	XMD-200 型	上海瑞龙仪表有限公司
电子万用炉	DL-1	北京市永光明医疗仪器有限公司
生物显微镜	XS-213	—
LCD 数控加热型磁力搅拌器	MS-H-Pro+	大龙兴创实验仪器(北京)有限公司

5.1.2 试验用水

为了保证试验数据的稳定性和准确性,整个试验过程采用人工配水,配水主要成分由 NH_4Cl 和 $NaNO_2$ 按需提供。控制进水 $\rho(NH_4^+-N)/\rho(NO_2^--N)$ 大致为 1:1,进水 $\rho(NH_4^+-N)$ 和 $\rho(NO_2^--N)$ 控制在 50～200 mg/L。$\rho(NaHCO_3)$ 为 1 000 mg/L,$\rho(MgSO_4 \cdot 7H_2O)$ 为 200 mg/L,$\rho(KH_2PO_4)$ 为 27.2 mg/L,$\rho(CaCl_2)$ 为 300 mg/L,$\rho(EDTA)$ 为 6.25 mg/L,$\rho(FeSO_4 \cdot 7H_2O)$ 为 6.25 mg/L。

微量元素 I 和 II 各 1 mL/L,成分见 3.1.1.3。盐度驯化阶段中盐度添加采用 NaCl,$\rho(NaCl)$ 为 0～30 g/L。外源添加 K^+ 阶段中采用 KCl,$\rho(KCl)$ 为 0～30 mmol/L。

厌氧氨氧化反应器配水成分具体如表 5-2 所示。

表 5-2 厌氧氨氧化反应器配水成分

项目	浓度	项目	浓度
NaHCO$_3$	1 000 mg/L	EDTA	6.25 mg/L
KH$_2$PO$_4$	27.2 mg/L	NH$_4$Cl	50～200 mg/L
MgSO$_4$ · 7H$_2$O	200 mg/L	NaNO$_2$	50～200 mg/L

表 5-2(续)

项目	浓度	项目	浓度
$CaCl_2$	300 mg/L	微量元素 Ⅰ	1 mL/L
$FeSO_4 \cdot 7H_2O$	6.25 mg/L	微量元素 Ⅱ	1 mL/L
NaCl	0～30 g/L	KCl	0～1 490 mg/L

5.1.3　接种污泥

本试验中,UASB 反应器中的接种污泥一部分取自辽宁抚顺三宝屯污水处理厂二沉池回流污泥,活性污泥各项指标为:混合液悬浮固体浓度(MLSS)约为 8 135 mg/L;混合液挥发性悬浮固体浓度(MLVSS)约为 4 000 mg/L;30 min 沉降率(SV_{30})为(30±5)%。另外一部分污泥取自实验室已经驯化成熟的厌氧氨氧化颗粒污泥,氨氮和亚硝态氮去除率分别为 90% 和 99%,总氮去除负荷为 1.2 kg/(m^3·d)。反应器污泥采用菌种流加策略进行逐步驯化,污泥中包括 0.5 L 成熟的厌氧氨氧化污泥及 2.5 L 二沉池回流污泥。

5.1.4　试验装置及试验方法

5.1.4.1　批次试验

本试验批次试验阶段用于鉴定中温条件下 K^+ 和盐度对厌氧氨氧化污泥的脱氮性能的影响。批次试验采用 200 mL 锥形瓶,每个锥形瓶放入 25 mL 成熟的厌氧氨氧化污泥,并配制 100 mg/L 的 NH_4^+-N 和 NO_2^--N 溶液,分别在锥形瓶内注入 100 mL 配制好的模拟废水,模拟废水配制好后,将其曝氮气降低水中溶解氧(DO)含量,并于锥形瓶中密封,置于温度为 30 ℃、转速为 140 r/min 的恒温振荡培养箱中,模拟动态环境,避光培养。

5.1.4.2　连续流试验

本试验连续流试验采用 UASB 反应器,反应器为双层圆柱形,有效容积为 7 L,构成材料为有机玻璃。反应器由 3 部分组成,分别是水浴加热区、反应区和沉淀区。装置采用单侧黏性的保温板附着在水浴加热区外,用来避光和保温,避免对厌氧氨氧化菌产生影响。反应器右侧设有 5 个取样口。沉淀区部分设有三相分离器实现固、液、气三相分离。反应器进水采用进水箱,进水箱内通入氮气排除进水中的氧气。进水泵采用蠕动泵,通过蠕动泵控制流速,水由装置下进入,经过三相分离器后由上侧流出,出水采用重力流自然流出。

通过调整进水箱内氨氮、亚硝态氮浓度和进水泵速方式调整 HRT。UASB 反应器控温方式采用恒温水浴＋加热棒,降温阶段采用制冷器降低反应器温度。UASB 反应器内插有电子温度计实时监控温度,中温阶段控制在(30±2)℃,低温阶段控制在(15±2)℃。进水箱初期污泥培养阶段 2～4 d 更换进水,成熟阶段以及盐度驯化阶段 1～2 d 更换进水,防止时间过长进水箱内成分发生改变,导致测定结果不准。

5.1.5 测定项目及方法

5.1.5.1 水质指标分析及监测方法

常规水质指标的测定方法参照《水和废水监测分析方法》(第四版)[1],详见表 5-3。

表 5-3 水质分析指标及方法

监测指标	方法	仪器
$NO_2^- -N$	N-(1-萘基)-乙二胺光度法	紫外分光光度计
$NH_4^+ -N$	纳氏试剂分光光度法	紫外分光光度计
$NO_3^- -N$	紫外分光光度法	紫外分光光度计
TN	碱性过硫酸钾消解法	紫外分光光度计
DO	仪器法	便携式溶解氧测定仪
pH	仪器法	便携式 pH 计
MLSS/MLVSS	称重法	烘箱/马弗炉
EPS	离心法	离心机

5.1.5.2 微生物指标提取及检测

试验测定的是可溶性 EPS。可溶性 EPS 是指与细胞薄弱连接或溶解在污泥所处系统中由细胞分泌或自溶产生的高分子聚合物。EPS 中包括多糖、蛋白质、腐殖酸等,试验测定值主要采用 EPS 中组分含量大的蛋白质 PN 和多糖 PS 之和来表征总 EPS。

(1) EPS 的提取

EPS 的提取采用 NaOH 热提取法,具体方法如下:从 UASB 中取颗粒污泥混合液 100 mL,分别移至每个离心管 12 mL,将离心管放入离心机中,在 4 500 r/min 下离心 15 min;在厌氧氨氧化污泥中加入 0.9% 生理盐水,在 4 500 r/min 下离心 2 次,每次 15 min;向离心后的厌氧氨氧化污泥中加入 0.9% 生理盐水,并向混合液中滴入 1 mol/L NaOH 2 滴,调整 pH 值至 11,在 4 500 r/min 下离心 15 min;放入 80 ℃ 的恒温水浴锅中加热 30 min,收集 EPS,后降至常温;上清液用 0.45 μm 玻璃纤维滤膜过滤后,收集备用。

(2) 蛋白质检测

蛋白质测定采用考马斯亮蓝标准方法:首先取 0.45 μm 玻璃纤维滤膜过滤后的待测溶液 1 mL 于试管中,然后将 3 mL 考马斯亮蓝标准溶液倒入试管,充分振荡且静置 15 min,采用 595 nm 波长于分光光度计中测吸光度值,对照标准曲线得出样品的实际浓度值。

（3）多糖检测

多糖测定采用蒽酮比色法:首先取 0.45 μm 玻璃纤维滤膜过滤后的待测溶液 1 mL 于试管中,然后加入 6 mL 蒽酮溶液,充分反应,放置于 100 ℃ 恒温水浴锅中,加热煮沸 15 min,然后立即取出置于冰水中,冷却 15 min 后,采用 625 nm 波长于分光光度计中测吸光度值,对照标准曲线得出样品的实际浓度值。

5.1.5.3　扫描电镜观察

通过扫描电子显微镜 SEM 对厌氧氨氧化颗粒污泥进行观察,可以观测到厌氧氨氧化颗粒污泥的微观形态、颗粒特性。扫描电镜下厌氧氨氧化菌形态以及分布情况十分直观,可以了解污泥具体的颗粒特性。扫描电镜样品制备方法和步骤详见文献[2]。

5.1.5.4　试验各阶段检测指标（表 5-4）

表 5-4　各试验阶段检测指标

检测指标	厌氧氨氧化污泥培养阶段	中温(30 ℃±2 ℃)条件下盐度驯化厌氧氨氧化污泥阶段	低温(15 ℃±2 ℃)条件下盐度驯化厌氧氨氧化污泥阶段	中低温条件下外源添加 K$^+$ 阶段
进出水氨氮浓度	√	√	√	√
进出水亚硝态氮浓度	√	√	√	√
进出水硝态氮浓度	√	√	√	√
TN	√	√	√	√
MLSS	√	√	√	√
MLVSS	√	√	√	√
污泥蛋白质含量	—	√	√	—
污泥多糖含量	—	√	√	—
电子显微镜下观察	√	√	√	√
扫描电镜观察	—	√	√	—

注:"√"代表检测,"—"代表不检测。

5.2 中温快速启动厌氧氨氧化工艺调控策略研究

5.2.1 厌氧氨氧化启动过程中的控制策略

由表 5-5 可知,通过逐步提高进水基质浓度,减小 HRT 的方式加速厌氧氨氧化菌的快速培养;与此同时,每两个阶段之间流加培养成熟的厌氧氨氧化污泥,第 I 阶段和第 II 阶段之间将成熟的厌氧氨氧化颗粒污泥碾碎,放出部分二沉池接种污泥,将厌氧氨氧化污泥放置在二沉池污泥内部,第 II 阶段和第 III 阶段之间将成熟厌氧氨氧化污泥直接接种于厌氧氨氧化反应器中。采取此措施目的如下。

表 5-5 反应器启动各阶段控制条件

阶段	时间/d	进水氨氮浓度/(mg/L)	进水亚硝态氮浓度/(mg/L)	水力停留时间/h	温度/℃
第 I 阶段	1~34	53±3.5	53±3.5	13.44	30±2
第 II 阶段	35~41	62±2	62±2	10.77	30±2
	42~51	70±2.5	70±2.5	6.73	30±2
	52~57	100±5	100±5	6.73	30±2
第 III 阶段	58~72	150±10	150±10	6.73	30±2
	73~90	200±10	200±10	6.73	30±2

第 I 阶段(第 1~34 天):启动培养阶段。反应器刚刚接种二沉池污泥,污泥种类繁杂,此时先采取低基质浓度、较长 HRT 的方式进行污泥驯化培养,使得在此条件下厌氧氨氧化菌种作为优势菌种。在第 II 阶段开始前,接种部分成熟的厌氧氨氧化污泥并将其碾碎,流加活性较好的厌氧氨氧化菌,使得其释放的胞外聚合物(EPS)有效地使得第 I 阶段培养的厌氧氨氧化菌形成颗粒化。同时采用将成熟厌氧氨氧化污泥压在第 I 阶段培养的已经具有厌氧氨氧化反应但是菌种并不纯净的污泥之中,防止有少量的厌氧氨氧化污泥进入反应器中。成熟的厌氧氨氧化污泥并不适应反应器内的环境,从而造成流加的高活性污泥上浮。在第 I 阶段出现了两次污泥整体上浮的情况,原因可能是有机物突然减少,反应器环境不同于二沉池污泥,菌种出现筛选过程,劣势菌种死亡后会上浮,反应器达到新的稳态平衡;反应器培养前期稳定性较差,因此出现了污泥整体上浮。上浮后采用关闭蠕动泵的方式,使污泥沉降,且持续时间较短。

　　第 II 阶段(第 35～57 天):快速调控阶段。此阶段调整了两次 HRT 并且提升了基质浓度,此时厌氧氨氧化菌在反应器内已经成为优势菌种,逐步提升基质的浓度、减小 HRT 有利于污泥颗粒化的形成,厌氧氨氧化菌种的截留率逐渐增强,此阶段并没有出现污泥整体上浮的现象,只是出现部分污泥随着出水流失的现象,反应器仍在进行着菌种的筛选和驯化。在基质浓度并不高的时段改变水力停留时间对此时反应器的脱氮效能影响不大。

　　第 III 阶段(第 58～90 天):高效提升负荷阶段。此阶段前期分两次投入成熟的厌氧氨氧化污泥,可以使反应器内细菌培养速度更快,这是因为细菌的群感效应。首先,将培养驯化好的高活性的厌氧氨氧化污泥投入反应器内,厌氧氨氧化功能菌种释放的信号分子使细菌快速地聚集成小团体,同时释放不利于其他细菌生长的有害物质,从而达到菌种的筛选,厌氧氨氧化菌快速形成小颗粒。其次,在反应器整个高效提升负荷阶段进行速度较快,逐步提升基质浓度使反应器适应时间较短,污泥逐步形成颗粒化,有少量颗粒污泥出现上浮现象,此过程存在着菌种的筛选,实现了厌氧氨氧化反应器的快速启动。

　　反应器启动过程实物图如图 5-2 所示。

(a)　　　　　　　　　　　　　　　　(b)

图 5-2　反应器启动过程实物图

5.2.2　中温启动阶段氨氮与亚硝态氮浓度及去除率变化

　　中温启动阶段氨氮与亚硝态氮浓度及去除率变化如图 5-3 和图 5-4 所示。

　　第 I 阶段(启动培养阶段):第 1～34 天。氨氮、亚硝态氮初期进水浓度控制在(53±3.5)mg/L,进水亚硝态氮和氨氮比例控制为 1:1,HRT 控制在 13.44 h,温度控制在(30±2)℃,指标均控制在厌氧氨氧化最适范围内。由图 5-3 和图 5-4 可知,初期出水氨氮浓度大于进水氨氮浓度,这是由于菌种刚接

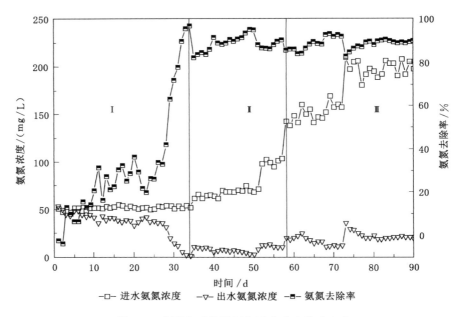

图 5-3　中温启动阶段氨氮浓度及去除率变化

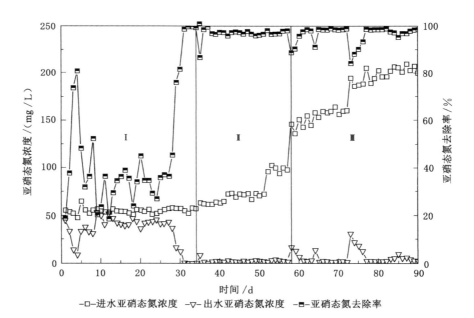

图 5-4　中温启动阶段亚硝态氮浓度及去除率变化

种至反应器内,无机碳源的中断导致部分菌种不适应,出现了部分菌体自溶的现象,因此出水氨氮浓度短暂大于进水氨氮浓度。亚硝态氮起初去除率快速提升,反应器运行至第 4 天时亚硝态氮去除率达 80%,氨氮去除率低至 10%。此时由于厌氧环境反硝化菌可能作为反应器的优势菌种,因此亚硝态氮去除率较高,厌氧氨氧化反应并不明显。第 5～34 天,氨氮去除率出现逐渐上升的趋势,亚硝态氮去除率出现了先下降后上升的趋势,至第 34 天,反应器氨氮和亚硝态氮去除率分别达到 97.06% 和 99.53%,厌氧氨氧化初期启动成功。

第Ⅱ阶段(快速调控阶段):第 35～57 天。由于上一阶段已经出现了厌氧氨氧化反应,本阶段逐步减小 HRT,进水基质小幅度提升。第 35 天小幅度提升进水基质浓度,同时减小水力停留时间,短期内反应器氨氮和亚硝态氮去除率出现小幅度波动,先分别降至 82.34% 和 86.72%,随后亚硝态氮去除率快速恢复至 98.49%,氨氮去除率逐渐恢复。第 40 天氨氮及亚硝态氮去除率分别恢复至 89% 和 97%。第 42 天再次减小 HRT 至 6.73 h,同时进水氨氮和亚硝态氮浓度再次小幅度提升至 70 mg/L,去除率并没有大幅波动,第 51 天反应器氨氮、亚硝态氮去除率稳定在 88.31% 和 96.56%,此时厌氧氨氧化菌已经成为反应器内的优势菌种。第 52～57 天,调整进水氨氮和亚硝态氮浓度为 100 mg/L,仅通过 5 天反应器运行稳定,氨氮和亚硝态氮去除率分别达到 90.46% 和 98.08%。

第Ⅲ阶段(高效提升负荷阶段):第 58～90 天。此阶段快速提升基质浓度,两次提升负荷,反应器脱氮效能均出现短期下降,但是均快速恢复,最终稳定。在进水氨氮、亚硝态氮浓度均为 200 mg/L,HRT 为 6.73 h 时,氨氮和亚硝态氮脱氮效能可分别达到 89.83% 和 97.77%,与初始浓度相比反应器氨氮去除率有所降低,原因可能是高浓度的亚硝酸盐对厌氧氨氧化菌产生了毒性抑制作用,使氨氮去除率降低,但总体满足厌氧氨氧化反应启动条件。

5.2.3　中温启动阶段总氮负荷变化

由图 5-5 可知,第Ⅰ阶段(启动培养阶段):第 1～34 天。反应器启动第 1～28 天总氮去除负荷较低,为 0.02～0.08 kg/(m^3 · d),原因是接种的污泥突然进入反应器内,无机碳源停止供应,反应器内菌种出现活性较差以及菌种之间相互竞争的情况,因此总氮去除效能较差。第 29～34 天,反应器总氮去除负荷提升至 0.14～0.20 kg/(m^3 · d),此时总氮去除率已经高达 97.81%,劣势菌种已经被初步淘汰,反应器脱氮效能逐渐变好。

第Ⅱ阶段(快速调控阶段):第 35～57 天。此时由于反应器总氮负荷去除良好,因此,将总氮容积负荷从 0.20 kg/(m³·d)增大为 0.30 kg/(m³·d)。在调整总氮容积负荷初期,反应器的总氮去除负荷并没有发生明显改变,反应器仅反应 1 d 后总氮去除负荷就提升至 0.28 kg/(m³·d),总氮去除率稳定在 90%以上,去除效果稳定,可以看出在前期小幅度提升负荷对厌氧氨氧化反应器的启动影响并不大,反应器可以短期快速适应总氮负荷小幅度快速提升。由于反应器适应迅速,因此两次调整加大负荷至 0.70 kg/(m³·d),反应器此时厌氧氨氧化菌种已经成为优势菌种,反应器并没有由于总氮负荷的提升出现大的波动,总氮去除负荷稳定在 0.65 kg/(m³·d),总氮去除率维持在 93%以上。

第Ⅲ阶段(高效提升负荷阶段):第 58~90 天。反应器在此阶段两次大幅度提升总氮容积负荷,分别提升至 1.00~1.13 kg/(m³·d)和 1.37~1.48 kg/(m³·d),在大幅提升中总氮去除率出现波动,但波动并不大,即长期维持在 92%以上。持续反应驯化后,高效提升负荷阶段最终反应器总氮去除负荷稳定在 1.37 kg/(m³·d),反应器脱氮性能高,反应器快速启动成功。

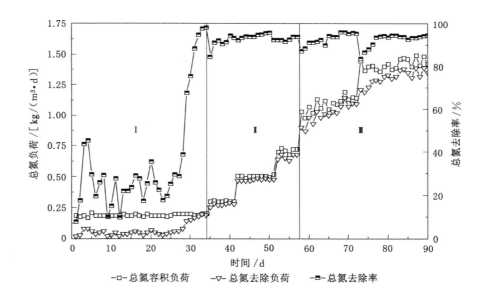

图 5-5　中温启动阶段总氮负荷及去除率变化

5.2.4　中温启动过程中化学计量比变化

化学计量比是厌氧氨氧化反应器成功启动的一个重要标志,因此对反应阶段的化学计量比进行分析。

第Ⅰ阶段(启动培养阶段):由图 5-6、图 5-7 可以看出,反应初期第 1～8 天内亚硝态氮消耗量/氨氮消耗量波动较大,硝态氮产生量/氨氮消耗量波动范围持续低于 0.26,此时反应器内菌种复杂,且污泥刚接种至反应器内,由于无机碳源的停止供给,菌种不适应,导致反应器内脱氮效能波动较大。第 9～34 天,反应器内亚硝态氮消耗量/氨氮消耗量逐渐趋于 1.32 稳定状态,但是反应器中硝态氮产生量/氨氮消耗量较小,多在 0.02～0.08 范围内,可见厌氧氨氧化反应效果较弱,反应器内菌种并不纯净,基质浓度较低,导致硝态氮产生量/氨氮消耗量较低。总体来说,在反应器启动运行至第 33 天时,亚硝态氮消耗量/氨氮消耗量可达 1.30,硝态氮产生量/氨氮消耗量为 0.10,基本符合厌氧氨氧化反应。

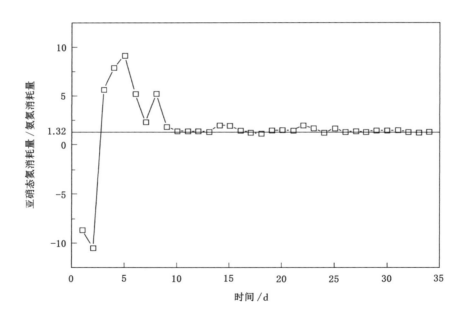

图 5-6　中温启动过程中第Ⅰ阶段亚硝态氮消耗量/氨氮消耗量变化

反应器运行至第Ⅱ阶段(快速调控阶段)和第Ⅲ阶段(高效提升负荷阶段)时,反应器中亚硝态氮消耗量/氨氮消耗量、硝态氮产生量/氨氮消耗量基本稳定,不论如何改变 HRT 以及进水基质浓度,反应器化学计量比都处于稳定状态(图 5-8),但是反应器内的化学计量比均低于标准值,原因可能是反应器内菌种

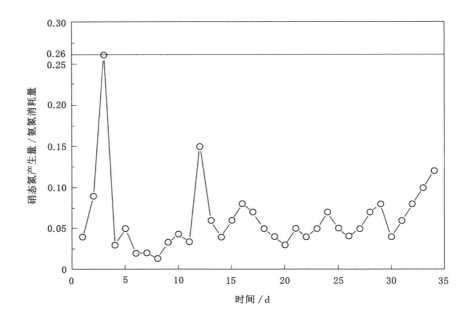

图 5-7　中温启动过程中第Ⅰ阶段硝态氮产生量/氨氮消耗量变化

不纯,且存在氨氧化细菌 AOB、亚硝酸盐氧化细菌 NOB。但由于反应器内的化学计量比已经与理论值十分接近,认为反应器在快速调控且高效提升负荷阶段成功运行。

5.2.5　中温启动过程中颗粒污泥的形态

中温启动过程中颗粒污泥颜色以及颗粒特性变化如图 5-9 所示。

第Ⅰ阶段从二沉池刚刚取回的厌氧颗粒污泥结构松散,沉降性较差,污泥颜色为淡黄色,符合好氧污泥的颜色。第Ⅱ阶段的污泥颜色已经大部分变为黑色,逐渐符合厌氧颗粒污泥颜色,污泥颗粒沉降功能有所提升,部分红色颗粒污泥是菌种流加,小的红色颗粒污泥出现说明厌氧氨氧化污泥逐渐被驯化出来。第Ⅲ阶段,污泥经过不断筛选,颜色逐渐变红,颗粒化较为明显,说明污泥逐步被驯化成功。Molinuevo 等人[3]研究发现,厌氧氨氧化细胞会释放大量的细胞红色素,从而使得厌氧氨氧化菌呈现红色,由此说明厌氧氨氧化菌成功富集,厌氧氨氧化颗粒污泥培养成功。

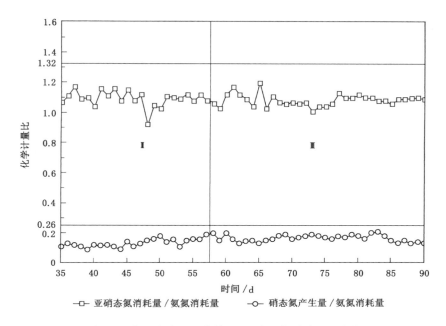

图 5-8　中温启动过程中第Ⅱ、Ⅲ阶段化学计量比变化

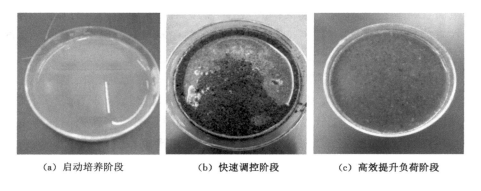

（a）启动培养阶段　　　　（b）快速调控阶段　　　　（c）高效提升负荷阶段

图 5-9　中温启动过程中颗粒污泥颜色以及颗粒特性变化

5.2.6　电子显微镜下污泥颗粒变化及形成机理

对快速启动过程中的污泥在电子显微镜下进行观察，结果如图 5-10 所示（电子显微镜下的污泥颜色不同是由于透光性调节导致，与污泥颜色本身无关），初期污泥结构松散，呈现絮状散落分布，在逐步驯化的过程中，污泥逐渐出现了颗粒化的现象。

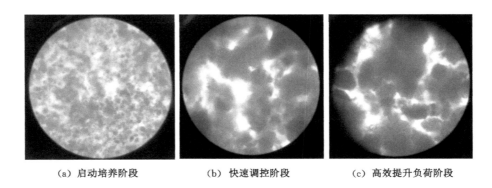

（a）启动培养阶段　　　　（b）快速调控阶段　　　　（c）高效提升负荷阶段

图 5-10　中温启动过程中颗粒污泥在电子显微镜下的形态

　　污泥颗粒化形成过程十分复杂且有许多影响因素，比如模拟污水成分里的 Ca^{2+}、Mg^{2+}，以及模拟污水中产生的碳酸钙，都对污泥颗粒化产生有利作用，原因是：① 细菌本身含有大量的蛋白质，氨基酸本身属于两性物质，由于模拟废水进水为弱碱性，其中的金属阳离子如 Ca^{2+}、Mg^{2+} 会消除细菌之间存在的电负性，减小厌氧氨氧化菌间的静电斥力，从而使得细菌聚集，污泥形成颗粒化。② 配水成分中的金属离子可以生成 $CaCO_3$，$CaCO_3$ 作为一种沉淀可以吸附在微生物上，为微生物提供大量聚集的附着面积，间接提高厌氧氨氧化菌本身的比表面积，使其以 $CaCO_3$ 作为晶核，加速颗粒化进程。③ 污泥在逐步形成颗粒化的过程中会释放胞外聚合物（EPS），胞外聚合物有利于厌氧氨氧化菌之间的富集，从而有利于形成颗粒化。④ 厌氧氨氧化菌在形成颗粒化时可以理解为菌种的富集，同时厌氧氨氧化菌会释放出信号分子使得周围的厌氧氨氧化菌得到感应，迅速凝聚成小的群体，与此同时对其他的菌种产生抑制作用，从而筛选出厌氧氨氧化菌种并且使得污泥形成颗粒化。

5.2.7　污泥 MLSS、MLVSS 的变化

　　由图 5-11 所示，随着反应器启动时间的增加，MLSS、MLVSS 均出现了逐渐上升的趋势。起初反应器内的活性污泥 MLSS、MLVSS 分别为 4 356.66 mg/L、2 655.32 mg/L，此时 MLVSS/MLSS 较低，仅为 0.61，可以看出污泥内有机物含量较低，反应活性较差。随着启动时间的提升，MLSS、MLVSS 在反应器成功启动后分别可达到 8 388.5 mg/L、7 511.5 mg/L，MLVSS/MLSS 高达 0.90，反应器污泥沉降性能变好，反应器脱氮效能稳定。

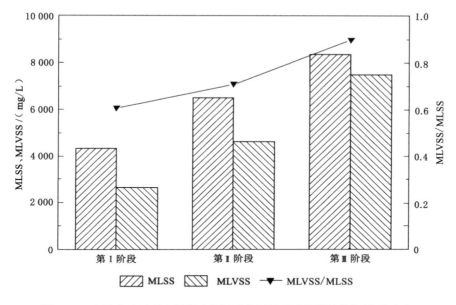

图 5-11　中温启动过程中污泥 MLSS、MLVSS 及 MLVSS/MLSS 的变化

5.3　中温盐度驯化过程中厌氧氨氧化脱氮效能及污泥颗粒特性研究

5.3.1　中温盐度驯化过程中氨氮和亚硝态氮浓度及去除率变化

　　试验温度控制在(30±2)℃,HRT 取 6.73 h。采用逐步提升盐度方式进行盐度驯化厌氧氨氧化污泥,以 5 g/L 为梯度,将盐度从 0 逐步提升至 20 g/L,然后将盐度直接提升至 30 g/L。由图 5-12 和图 5-13 可知,盐度驯化共历时两个月,反应器氨氮和亚硝态氮去除率分别降低了 16.74 个百分点和 18.11 个百分点。

　　第 91～95 天盐度为 0 时,反应器氨氮去除率为 87.84%,亚硝态氮去除率维持在 97.62%,反应器运行稳定。第 96～107 天盐度为 5 g/L 时,反应器氨氮去除率为 87.77%、亚硝态氮去除率为 97.01%,与盐度为 0 时相比,去除率基本不发生变化。可见常温条件下反应器低盐度时厌氧氨氧化脱氮效能并无明显变化,厌氧氨氧化污泥几乎不受影响。第 108～117 天反应器盐度提升至 10 g/L 时,氮去除率出现短暂小幅度下降,污泥出现少量上浮现象,但仅经过 1 d 反应器去除率开始逐渐恢复,6 d 后反应器去除率稳定,氨氮去除率为 84.12%,亚硝态氮去除率为 91.21%。

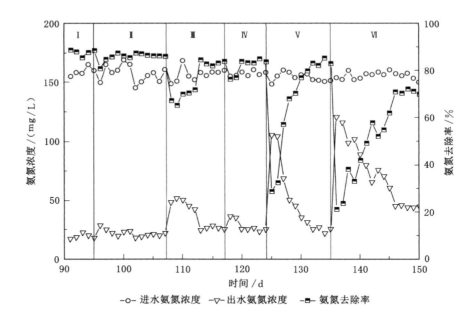

图 5-12　中温盐度驯化过程中氨氮浓度及去除率变化

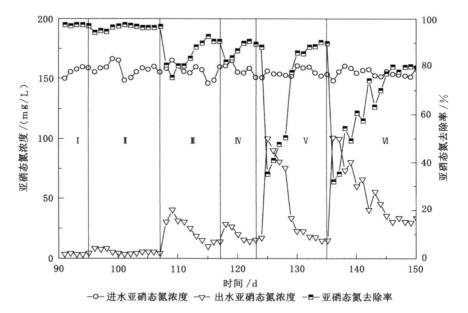

图 5-13　中温盐度驯化过程中亚硝态氮浓度及去除率变化

盐度为 10 g/L 与盐度为 0 相比氨氮和亚硝态氮去除率分别降低了 3.72 个百分点和 6.41 个百分点,可见盐度为 10 g/L 对厌氧氨氧化产生的抑制作用比较小,厌氧氨氧化污泥可以通过自身释放出的 EPS 保护自身,从而维持稳定的去除效果。第 118~124 天盐度为 15 g/L 时反应器去除率再次出现微弱下降,经过 3 d 后,去除率基本与盐度为 10 g/L 时持平,氨氮、亚硝态氮去除率分别维持在 84.12%、89.06%。可以看出盐度为 10 g/L 和 15 g/L 对厌氧氨氧化污泥影响不大,厌氧氨氧化污泥均可通过自身调节使去除率维持在稳定范围内。

第 125~135 天盐度为 20 g/L 时反应器去除率出现大幅度下降,污泥大批量上浮,短时间内氨氮去除率降低至 30% 以下,亚硝态氮去除率降低至 40% 以下,这可能是盐度的提高导致外界环境的渗透压大于细胞内部渗透压,破坏了细胞结构,发生菌体自溶现象[4]。经过 8 d 时间反应器去除率趋于平稳,氨氮、亚硝态氮去除率分别维持在 83.44%、89.38%。虽然盐度为 20 g/L 时反应器脱氮效率骤降,但是经过污泥对盐度的适应去除率仍然可以回到 80% 以上,可见厌氧氨氧化污泥在逐步驯化的策略下可以逐渐适应 20 g/L 的盐度,并且去除效果依然可观,而且大批量的污泥上浮现象筛选出了不耐盐的厌氧氨氧化菌,反应器底部的厌氧氨氧化菌仍可达到较好的状态。第 136~150 天,反应器直接提升盐度至 30 g/L,第二次出现了污泥大批量上浮现象,氨氮、亚硝态氮去除率波动较大,经过 10 d 后才逐渐稳定,但是去除率大幅度下降,氨氮、亚硝态氮去除率分别为 71.10%、79.51%,与盐度为 0 时相比,氨氮、亚硝态氮去除率分别降低了16.74 个百分点、18.11 个百分点,可明显看出 20 g/L 的盐度对厌氧氨氧化脱氮效能产生抑制,而 30 g/L 的盐度对厌氧氨氧化脱氮效能产生了非常明显的抑制,与文献[4]的结论基本一致。

5.3.2　中温盐度驯化过程中总氮负荷变化

试验对反应器污泥进行盐度为 0~30 g/L 的驯化,进水总氮负荷为(1.12±0.07) kg/(m³·d),氨氮浓度为(157.5±12.1)mg/L,亚硝态氮浓度为(156.4±10.0)mg/L。由图 5-14 可见,出水总氮负荷随着盐度的提高而受到影响,总体经历 3 个阶段:敏感阶段;活性恢复阶段;稳定阶段。

盐度为 5 g/L 时反应器 3 个阶段并没有特别明显,因为此时盐度不大,厌氧氨氧化菌在略微不利条件下实现自我调节,释放 EPS 保护自己,EPS 对微生物表面具有黏附性,使污泥颗粒更为紧密,沉降性能更好。另外,一定量的金属离子也会对污泥聚集产生一定的促进作用。EPS 含有较多的电负性物质,使厌氧氨氧化菌互相之间产生排斥,而 Na⁺ 作为金属离子,可在一定程度上降低电负性,使得厌氧氨氧化菌结合更为紧密。

盐度为 10 g/L 时总氮负荷出现小幅度波动。反应处于敏感阶段时,出水氨

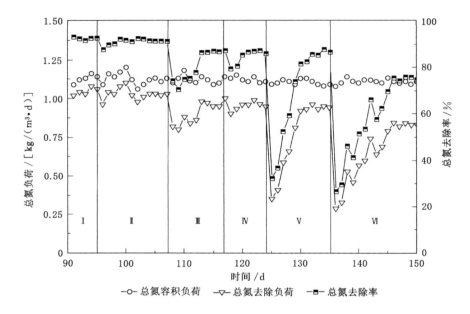

图 5-14　中温盐度驯化过程中总氮负荷及去除率变化

氮和亚硝态氮浓度分别提升至 48.6 mg/L、38.4 mg/L,随后反应到达活性恢复阶段,出水浓度平稳降低,直至达到稳定阶段,出水氨氮、亚硝态氮浓度稳定至 21 mg/L、15 mg/L。

盐度为 15 g/L 时从敏感期仅经过 2 d 活性恢复阶段就达到稳定阶段,由于厌氧氨氧化菌在盐度为 10 g/L 的条件下适应完全,15 g/L 的盐度不足以破坏厌氧氨氧化污泥在盐度为 10 g/L 时产生的自我保护,所以对其影响并不大,稳定阶段出水氨氮和亚硝态氮浓度分别为 25.3 mg/L、15.2 mg/L。

盐度为 20 g/L 的污泥出现大批量上浮,敏感阶段出水氨氮和亚硝态氮浓度突然增加至 105.4 mg/L、100.4 mg/L,活性恢复阶段持续 7 d,7 d 内出水浓度波动较大,但出水浓度逐渐降低,至稳定阶段时,出水氨氮和亚硝态氮浓度分别为 28.4 mg/L、16.3 mg/L,与盐度为 10 g/L 与 15 g/L 时相比变化不大,可以发现盐度对厌氧氨氧化脱氮效能会产生影响,随着盐度增大反应器脱氮效能也会逐渐降低,出水氨氮和亚硝态氮浓度逐渐上升,但是整体变化不大,与不添加盐相比出水氨氮和亚硝态氮浓度上升了 6.5 mg/L、10 mg/L,总氮去除负荷从 1.05 kg/(m³·d)降低至 0.94 kg/(m³·d)。

盐度提升至 30 g/L 时,反应器突然出现较大波动,污泥出现第二次上浮,上浮污泥与盐度为 20 g/L 时的上浮相似,上浮污泥量较第一次少。敏感阶段出水氨氮、亚硝态氮浓度高达 120 mg/L、100.6 mg/L,活性恢复期较长,通过 8 d 时间才完全达到稳定阶段,稳定阶段出水氨氮和亚硝态氮浓度分别为 44.8 mg/L、30.3 mg/L,较盐度为 0 时的氨氮和亚硝态氮浓度分别增加 22.9 mg/L、24.0 mg/L,总氮去除负荷也从 1.05 kg/(m³·d)降低至 0.83 kg/(m³·d)。

5.3.3　中温盐度驯化过程中进出水 pH 值变化

反应器在盐度驯化阶段,进水 pH 值控制在 7.5±0.1 范围内,出水 pH 值波动较大,基本满足前面提出的厌氧氨氧化高盐逐步驯化经历的 3 个阶段。由图 5-15 可知,在盐度为 0~20 g/L 时敏感阶段的出水 pH 值较小且与进水 pH 值相差约 0.3,恢复阶段出水 pH 值逐渐升高,直至稳定阶段稳定在 8.0±0.1。盐度达到 30 g/L 时,出水 pH 值在敏感阶段降低至 7.7,恢复阶段出水 pH 值波动很大,直至稳定阶段出水 pH 值为 7.8±0.1。与盐度为 0~20 g/L 时相比出水 pH 值降低了 0.2,与前文盐度为 30 g/L 时会产生抑制的结论一致。

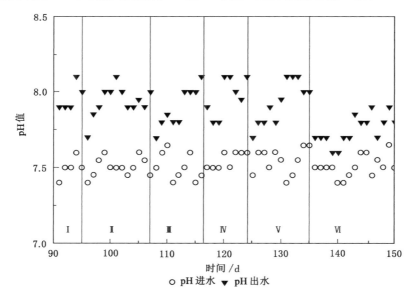

图 5-15　中温盐度驯化过程进出水 pH 变化

从 pH 值变化可以看出厌氧氨氧化反应是一个产碱的反应,随着脱氮效果的变化,进出水的 pH 值也会发生改变。反应过程中的进水 pH 值控制在 7.5±0.1 的范围内,这是因为厌氧氨氧化菌带电负性,弱碱性的 pH 值有利于厌氧氨氧化菌颗粒化的形成,从而提高反应的效率。整个反应出水 pH 值大于进水 pH 值,盐度为 0~20 g/L 时处理效果好,进出水 pH 值相差 0.5,盐度为 30 g/L 时进出水 pH 值相差 0.3,相比盐度为 0~20 g/L 时去除效果较差,但是满足出水 pH 值高于进水 pH 值,说明厌氧氨氧化盐度驯化成功。

5.3.4 中温盐度驯化过程中化学计量比的变化

在厌氧氨氧化反应中通常用亚硝态氮消耗量与氨氮消耗量的比值 1.32 和硝态氮产生量与氨氮消耗量的比值 0.26 判断反应的进行程度。盐度驯化过程中,由图 5-16 可以发现:敏感阶段的亚硝态氮消耗量与氨氮消耗量的比值浮动较大;活性恢复阶段亚硝态氮消耗量与氨氮消耗量的比值和硝态氮产生量与氨氮消耗量的比值也基本分别维持在 1.10 与 0.15 附近,说明活性恢复阶段反应器仍然在发生厌氧氨氧化反应,而且反应器内的主要菌种是厌氧氨氧化菌,在抵抗盐度的过程中厌氧氨氧化菌在逐渐靠近理论的反应比例;稳定阶段,在 0~15 g/L 盐度胁迫下氨氮消耗量与亚硝态氮消耗量的比值均稳定在 1.05 ± 0.03,硝态氮产生量与氨氮消耗量的比值稳定在 0.13 ± 0.05 范围内,波动变化规律并不明显,但是盐度提升至20 g/L 时亚硝态氮消耗量与氨氮消耗量和硝态氮产生量与氨氮消耗量的比值出现小幅度上升,其值分别为 1.10 ± 0.02、0.17 ± 0.02。30 g/L 盐度时亚硝态氮消耗量与氨氮消耗量和硝态氮产生量与氨氮消耗量的比值再次出现提升,提升至 1.15 ± 0.03、0.18 ± 0.03。

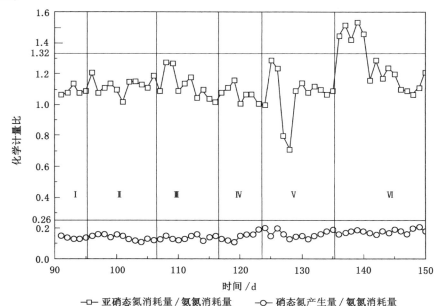

图 5-16 中温盐度驯化过程中化学计量比变化

分析认为:① 由于控制进水亚硝态氮与氨氮浓度之比为 1∶1,反应过程中二者的去除比例基本在 1∶1 和 1.32∶1 之间;② 反应器内菌种并不纯,可能还有氨氧化菌、反硝化菌等多种种群,盐度的添加对各种菌种的影响程度并不一致,盐度对各种菌种的去除效果也不尽相同,但是在盐度的胁迫下亚硝态氮消耗量与氨氮消耗量之比和硝态氮产生量与氨氮消耗量之比略小于 1.32 和 0.26,且稳定在 1.10±0.05、0.15±0.05 范围内;③ 在 0～15 g/L 的盐度提升下反应去除比并不明显,此时盐度对厌氧氨氧化的抑制作用较小,反应器去除比变化并不大,20 g/L、30 g/L 盐度下亚硝态氮消耗量与氨氮消耗量和硝态氮产生量与氨氮消耗量的比值均上升,可能反应器内存在少量的反硝化菌且反硝化菌的耐盐性相较于厌氧氨氧化菌更好,从而使得反应过程中亚硝态氮消耗量与氨氮消耗量和硝态氮产生量与氨氮消耗量之比略有上升。

5.3.5　中温盐度驯化过程中污泥颗粒形态及浓度变化

由图 5-17 可知,盐度驯化过程中盐度为 0～15 g/L 时污泥并未出现大量上浮,只在盐度为 10 g/L 时出现少量上浮,一天时间短暂恢复后污泥沉降性能良好,污泥颜色呈现红色,但是盐度为 15～20 g/L 时污泥颜色逐渐加深,由红色逐渐变成红褐色,在 20 g/L 盐度胁迫下部分颗粒已经呈现轻微的褐色,上浮的颗粒污泥中已经有变黑的颗粒污泥。盐度为 30 g/L 时大颗粒污泥解体成细小颗粒,可见 30 g/L 的盐度对污泥影响较大,污泥大颗粒开始出现解体,反应器污泥沉降性能变差,污泥颜色变为暗红色。

上浮的颗粒污泥粒径较大、结构较为松散。将上浮污泥捣碎,然后通过三相分离器重新接种于反应器,目的是希望破坏上浮污泥的粒径使其沉降性能变好,不利于其上浮,同时破坏上浮污泥的结构后,上浮污泥释放的 EPS 会对反应器内的活性污泥产生吸附作用,有利于底部未形成颗粒化的污泥形成颗粒化,EPS 还能保护厌氧氨氧化污泥抵抗盐度对其产生的危害。但是将上浮颗粒污泥捣碎重新接种回反应器后短时间内颗粒污泥再次上浮,可能是由于高盐度的菌种已经筛选出来,上浮污泥属于并不耐盐的菌种聚集成颗粒污泥从而出现上浮的情况,因此,高盐度驯化后的颗粒污泥采用上浮污泥回流的方式并不奏效。

MLSS 和 MLVSS 是检测污泥性能的重要指标,MLVSS/MLSS 也是检验盐度逐步驯化过程中污泥好坏程度的指标。由图 5-18 可见,随着盐度的增大,MLSS 和 MLVSS 均出现了先增大后减小的趋势。反应器内的厌氧氨氧化污泥在盐度为 0 时 MLSS 和 MLVSS 分别为 8 650.5 mg/L、7 711.5 mg/L。盐度提升至 5 g/L 时,MLSS 和 MLVSS 均出现增大的趋势,但 MLVSS/MLSS 却出现

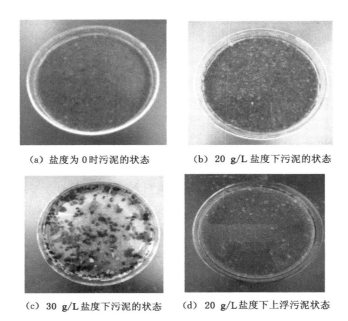

（a）盐度为 0 时污泥的状态　　　（b）20 g/L 盐度下污泥的状态

（c）30 g/L 盐度下污泥的状态　　　（d）20 g/L 盐度下上浮污泥状态

图 5-17　中温盐度驯化过程中污泥颗粒形态变化

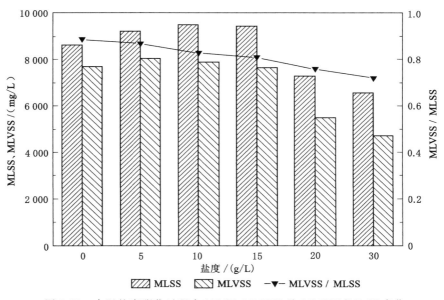

图 5-18　中温盐度驯化过程中 MLSS、MLVSS 及 MLVSS/MLSS 变化

了小幅度减小的趋势。分析原因可能是由于 5 g/L 的盐度在厌氧氨氧化菌的耐受范围内,厌氧氨氧化菌释放 EPS 保护自身,从而 MLSS、MLVSS 含量均增大,但 MLVSS/MLSS 基本没有发生改变,污泥的脱氮性能没有发生明显变化。有关文献研究认为 5 g/L 的盐度可以促进去除效率的提升,但是反应器的脱氮效能并未提升,原因可能是盐度在一定条件下促进了厌氧氨氧化,加快了细胞正常的离子反应速率,但是盐度本身作为一个抑制因素促使细胞释放一定量的胞外聚合物,加快离子交换速率的程度与产生胞外聚合物抵御盐度抑制的程度相互抵消,导致氨氮和亚硝态氮的去除效果与盐度为 0 时的去除效果基本一致。产生的胞外聚合物对污泥颗粒化的促进导致 MLSS、MLVSS 均有提升,但从 MLVSS/MLSS 没有发生变化可以看出污泥性能基本没有变化。

　　盐度为 10 g/L 时 MLSS、MLVSS 继续上升至 9 514.23 mg/L、7 898.63 mg/L,MLVSS/MLSS 持续降低至 0.83,污泥去除效能出现明显下降,从 MLSS、MLVSS 值可以看出细胞仍旧在抵御外界不良环境,污泥颗粒性能不断变好,但 MLVSS/MLSS 下降可以体现出污泥脱氮性能继续变差。盐度为 15 g/L 时 MLSS、MLVSS 与盐度为 10 g/L 时相比出现小幅度降低,MLVSS/MLSS 则继续出现小幅度下降,对应去除效能持续小幅度降低,但是与 10 g/L 盐度胁迫下相比没有发生明显变化,说明 0~15 g/L 的盐度在厌氧氨氧化菌的可耐受范围内。

　　盐度为 20 g/L 时 MLSS、MLVSS 突然下降至 7 291.08 mg/L、5 511.42 mg/L,反应器的污泥出现大量上浮,由此可以看出 20 g/L 的盐度对厌氧氨氧化污泥的脱氮效能抑制非常明显,同时反应器内的污泥颗粒颜色变深较为明显,上浮污泥多为大颗粒而且大多孔道较为明显,原因可能是抵御 20 g/L 的盐度时,部分厌氧氨氧化菌由于盐度过高细胞出现了破裂,污泥出现解体,与此同时盐度过大导致进水的密度增大,从而导致大量的污泥上浮,反应速率较慢,污泥性状较差,污泥脱氮性能恶化。

　　盐度直接提升至 30 g/L 时污泥出现了二次上浮,本次污泥上浮量相比于 20 g/L 盐度时的上浮量较少,且厌氧氨氧化大颗粒污泥大量解体成小颗粒。虽然在 20 g/L 盐度驯化下污泥可以达到一定的去除效果,污泥性状稳定,但 30 g/L 的盐度抑制对厌氧氨氧化污泥来说是非常明显的,此时 MLSS、MLVSS 均大幅度下降,分别下降至 6 571.12 mg/L、4 711.52 mg/L,MLVSS/MLSS 下降明显,污泥脱氮性能明显大幅度下降。盐度为 30 g/L 时,污泥受到的抑制非常明显,但是上浮量相比于盐度为 20 g/L 时的上浮量少,是由于 20 g/L 的盐度胁迫到达稳定阶段时,污泥已经积累了一定量的有机相容性溶质,可以抵抗 20 g/L 的盐度,但是部分厌氧氨氧化污泥无法抵御 30 g/L 的盐度胁迫,从而出现了二次上浮,污泥浓度持续下降。

5.3.6　中温盐度驯化过程中多糖与蛋白质的变化分析

有关研究[5-6]表明厌氧氨氧化菌可以产生更多的胞外聚合物(EPS)来抵御极端的环境,盐度驯化过程正刺激了厌氧氨氧化菌产生 EPS 抵抗极端环境。在盐度驯化的整个阶段,由图 5-19 可知,多糖(PS)和蛋白质(PN)的含量大体上是逐渐提升的。盐度为 0 时蛋白质、多糖的含量分别为 83.33 mg/g、11.21 mg/g,PS/PN 为 0.13。盐度提升至 5 g/L 时,蛋白质、多糖含量略微提升,PS/PN 基本不变。

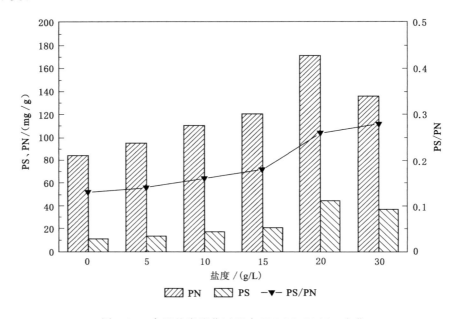

图 5-19　中温盐度驯化过程中 PN、PS、PS/PN 变化

在常温、5 g/L 的盐度下,厌氧氨氧化菌完全可以通过自身释放 EPS 维持反应器原有的稳定性,多糖、蛋白质含量均升高是对 5 g/L 盐度胁迫的应激反应,适当的蛋白质、多糖含量的提高可以增强污泥的颗粒性,有利于提高脱氮效能。多糖本身是亲水性的,而且带有负电性的官能团,因此多糖的含量过高会对污泥性能产生不利影响,不利于污泥颗粒化,但是适当的盐度的添加,其中含有的钠离子会消除多糖的负电性,同时细菌本身也具有负电性,从而对于颗粒污泥的形成也是极为有利的。蛋白质的含量升高一定程度上是有利于厌氧氨氧化菌的颗粒形成的,因为蛋白质是疏水颗粒,而且蛋白质带有正电性的官能团,有利于负电性的厌氧氨氧化菌形成颗粒,细菌之间更为紧密。

　　盐度提升至 10 g/L 时,EPS 含量继续提高,蛋白质、多糖含量分别为 110 mg/g、17 mg/g。盐度为 15 g/L 时 EPS 提升量不大,此时 EPS 的持续提升可以理解为厌氧氨氧化菌抵御外界不良环境的一个机制,厌氧氨氧化菌释放 EPS 维持自身细胞的平衡,更好地抵御外界的不良环境。盐度在 10 g/L 和 15 g/L时,PS/PN 逐渐提升至 0.15 和 0.18,通过 PS/PN 逐渐增大可以看出污泥在抵御外界不良环境时沉降性能也随之逐渐变差,污泥颗粒脱氮性能变差。盐度的小幅度驯化过程会使厌氧氨氧化菌持续释放 EPS 保护细胞,维持活性。

　　但盐度为 20 g/L 时,EPS 含量突然大幅提升,蛋白质、多糖含量分别提升至 171 mg/g、44 mg/g,相较于盐度为 30 g/L 时的含量更高,原因可能是 20 g/L 的盐度对厌氧氨氧化菌产生的影响巨大,此时大量的细胞由于抵御不了盐度的胁迫而破裂,细胞破裂后产生大量的 EPS,蛋白质、多糖含量大大增加,此时小颗粒会逐渐互相黏附,凝聚成大颗粒,导致大量氮气无法排出,颗粒污泥疏水性较强,污泥密度减小,使得大量的大颗粒污泥上浮,上浮污泥存在大量孔道。盐度为 30 g/L 时 EPS 含量相较于总体来说达到较高值,蛋白质、多糖含量分别为 135 mg/g、37 mg/g,相比于盐度为 20 g/L 细胞破裂时有所下降。此时污泥出现二次上浮,但含量较第一次少,细胞仍出现破裂的情况,但是大部分活性污泥已经可以抵御高盐度的胁迫,然而从 PS/PN 升高可以看出污泥状态相比于驯化前已经具有较大差别,污泥颗粒变小,脱氮效能较差,30 g/L 的盐度已经对厌氧氨氧化产生了较大的抑制。

5.4　低温条件下盐度对厌氧氨氧化污泥脱氮效能及污泥颗粒特性的影响研究

5.4.1　突然降温条件下盐度对厌氧氨氧化污泥脱氮效能以及颗粒特性的影响

5.4.1.1　突然降温不同盐度下氨氮、亚硝态氮、总氮浓度及去除率变化

　　本研究中的低温驯化过程是在盐度为 20 g/L 的胁迫下进行的。前一阶段已经完成的厌氧氨氧化污泥驯化是在常温下使用 30 g/L 的盐度进行驯化,并且氨氮、亚硝态氮去除率分别可以稳定在 70%、79%附近,但是低温条件下不采取30 g/L 的盐度进行驯化,是由于低温会对厌氧氨氧化产生明显的抑制效果,盐度过高也会对厌氧氨氧化产生抑制效果,因此采用降低盐度的方式,调整盐度为 20 g/L。

　　图 5-20 和图 5-21 为突然降温条件下盐度对氨氮、亚硝态氮浓度及去除率变化的影响。

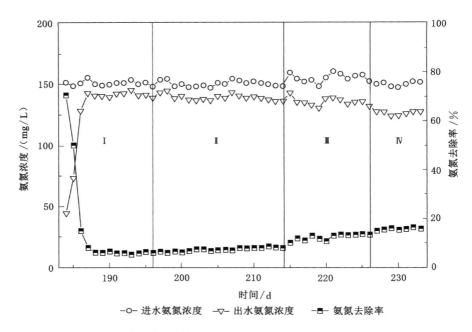

图 5-20　突然降温条件下盐度对氨氮浓度及去除率变化的影响

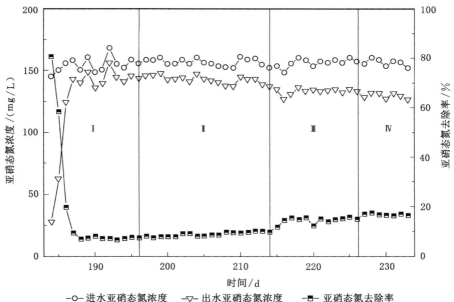

图 5-21　突然降温条件下盐度对亚硝态氮浓度及去除率变化的影响

第 184～196 天直接降温至 15 ℃,盐度控制在 20 g/L,由图 5-20 可以看出反应器氨氮、亚硝态氮去除率从 70.6%、80.7%随着低温天数增加呈现直线下降的趋势,直至降温后第 5 天不再下降,氨氮、亚硝态氮去除率降低至 6.6%、7.8%,出水氨氮和亚硝态氮浓度高达 141 mg/L、140 mg/L,几乎没有去除效果,可以看出突然降温和 20 g/L 的盐度对厌氧氨氧化的抑制十分明显。温度突然降低,反应器初期厌氧氨氧化污泥的活性仍保持在中温活性,反应器去除效能较好,但是随着降温天数的逐渐增加,温度对厌氧氨氧化的抑制十分明显,反应器内部产生亚硝酸盐积累,酶的活性急速降低。与此同时,高盐度对厌氧氨氧化也产生抑制,双重胁迫下细胞渗透压变化,细胞失水,酶失活,反应器的运行效能直线下降。

由于在 20 g/L 的盐度下脱氮效能降低得十分明显,第 197～214 天试验盐度调整至15 g/L,以降低盐度对厌氧氨氧化菌产生的影响,反应发现盐度降低至15 g/L 时反应器氨氮、亚硝态氮的去除率并没有得到实质性的提升。盐度刚刚调整为 15 g/L 时,脱氮效能并没有发生改变,经过了 7 d 左右,氨氮、亚硝态氮的去除率才逐渐升高,但在反应器稳定后氨氮、亚硝态氮的去除率仅仅为 8.5%、10.1%,比 20 g/L 盐度时的氨氮、亚硝态氮去除率分别提高了 1.9 个百分点、2.3个百分点,由此可见盐度的降低虽然能提升脱氮效能,但 15 g/L 的盐度在 15 ℃时仍旧对厌氧氨氧化产生巨大的影响。

第 215～226 天盐度降低至 10 g/L,反应器短时间内脱氮效能有了小幅度的提升,反应器稳定后,氨氮、亚硝态氮去除率分别为 13.5%、15.6%,出水氨氮和亚硝态氮浓度分别为 135 mg/L、134 mg/L。经过盐度的逐渐下降可以看出,反应器内氨氮、亚硝态氮的去除率提升不大,去除效果不好,在 15 ℃ 的条件下,任何盐度对其产生的抑制都是极为明显的,与此同时 150 mg/L 的进水氨氮和亚硝态氮浓度也对厌氧氨氧化产生抑制作用,低温条件下亚硝酸盐会产生积累,对厌氧氨氧化产生极大的抑制。

第 227～233 天盐度降低至 5 g/L 时,氨氮、亚硝态氮的去除率再次略有小幅提升,分别提升至 16.2%、17.1%,由此可见低温条件下盐度高于 5 g/L 时均对厌氧氨氧化产生极大的抑制作用。

低温影响酶的活性,导致厌氧氨氧化反应速度缓慢,盐度此时对细胞渗透压的影响尤为明显,与温度共同抑制酶的活性。与此同时,亚硝酸盐会产生积累,影响厌氧氨氧化关键性酶(联氨脱氢酶)的合成,从而使得反应进行缓慢,厌氧氨氧化反应代谢受阻,出现亚硝酸盐积累毒害厌氧氨氧化菌。污泥量也是一个影响脱氮效能的重要因素,与刚刚进行盐度驯化相比,反应器内污泥量已经从2.5 L 降低至 1.8 L,此时污泥量较少,生物量较低,厌氧氨氧化菌不足以承受此负荷。因此第Ⅱ阶段通过调整进水氨氮和亚硝态氮浓度和 HRT 的方式,在低温条件下重新进行盐度的逐步驯化,以提升反应器的脱氮效能。

低温条件下以 5 g/L 盐度梯度逐渐降低盐度的过程中,进水总氮容积负荷基本维持在(1.1±0.1) kg/(m³ · d),总氮去除负荷波动较小,不同于常温条件下盐度驯化时负荷变化那么明显。

由图 5-22 可知,在第 184~188 天总氮去除负荷呈现直线下降的趋势,此时温度是影响总氮去除负荷急速变化的主要因素,随后总氮去除负荷逐渐趋于稳定,相比于常温盐度驯化时总氮去除负荷的恢复速度较快,原因是常温条件下厌氧氨氧化菌已经对盐度产生了耐受性,不能抵抗盐度的厌氧氨氧化菌已经被淘汰,同时低温对厌氧氨氧化的抑制也十分明显,所以通过短时间适应达到稳定阶段,低温条件下盐度为 20 g/L 时的总氮去除率稳定在 6.2%,总氮去除负荷稳定在 0.071 kg/(m³ · d)。

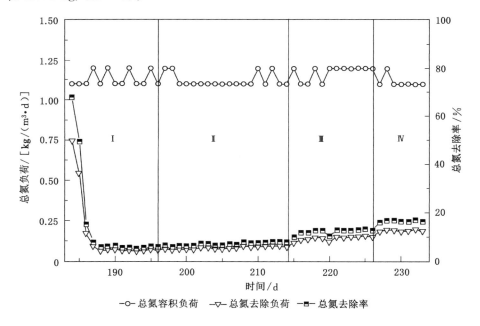

图 5-22　突然降温下盐度对总氮负荷及去除率变化的影响

盐度从 15~5 g/L 逐渐降低的过程中,反应器总氮负荷没有明显变化,总氮去除负荷并没有出现较大波动,基本去除效果比较平缓。盐度为 15 g/L 时,随着时间的推移,反应器的总氮去除负荷相较于盐度为 20 g/L 时仍有小幅度的提升,由初期的 0.075 kg/(m³ · d),经一定时间的短期适应达到 0.095 kg/(m³ · d),总氮去除率由 6.6％ 上升至 8.2％。第 215～226 天盐度降低至 10 g/L,总氮去除率再次出现小幅度上升,稳定阶段提升至13.2％,总氮去除负荷上升至 0.155 kg/(m³·d),相较于第 215 天盐度刚刚降低至 10 g/L 时去除率提升了 3.4 个百分点,虽然中温时反应器已经进行了盐度驯化反应,降低一个盐度梯度经过一段时间后反应器脱氮效能仍能有小幅度提升,可以看出低温条件下逐渐降低盐度之后仍需要短时间的适应,但是相较于初次盐度变化出现的波动并不会特别明显,伴随的上浮情况也没有出现。

第 227～233 天时降低盐度至 5 g/L,此过程稳定速度较快,总氮去除率为 17.05％,总氮去除负荷为 0.19 kg/(m³·d)。中温条件下 5 g/L 的盐度对厌氧氨氧化的脱氮效能几乎不存在抑制作用,低温条件下 5 g/L 的盐度对厌氧氨氧化的毒害作用不是非常明显,但是此时总氮去除率仍非常低,可见生物量不足、亚硝酸盐浓度过高、温度过低、盐度等多重胁迫对厌氧氨氧化脱氮效能的抑制十分明显。

5.4.1.2　突然降温不同盐度下进出水 pH 值变化

由图 5-23 可知,降温阶段进水 pH 值控制在 7.5±0.15 的范围内,弱碱性的条件下有利于厌氧氨氧化反应,但由图 5-23 可以看出,在低温条件下出水 pH 值略大于进水 pH 值,只有反应初期出水 pH 值变化波动较大,但是出水 pH 值相比于进水 pH 值变化并不大,相较于常温的进出水 pH 值的差值来说十分小。稳定阶段出水 pH 值仅大于进水 pH 值 0.15±0.05,这是由于低温对厌氧氨氧化的抑制作用十分明显,反应器脱氮效能不好,厌氧氨氧化反应是一个生成碱性的反应,但由于厌氧氨氧化菌在低温和盐度的胁迫下活性较差,所以出水 pH 值与进水 pH 值相差并不大,与反应器脱氮效能不好的现象一致。

5.4.1.3　突然降温不同盐度下反应化学计量比的变化

由图 5-24 可知,随着盐度的降低,亚硝态氮消耗量/氨氮消耗量也逐渐降低,并且硝态氮产生量/氨氮消耗量十分低,变化非常微弱。直接降温阶段反应器整体的去除效果并不好,当盐度逐渐降低至 10 g/L 和 5 g/L 时反应器整体的去除比与常温条件下相近,但此时反应器的脱氮效能很差,原因可能是低温、盐度双重胁迫下,亚硝酸盐的累积对厌氧氨氧化脱氮效能产生的影响很大,导致整个反应去除效果并不明显,只有少数厌氧氨氧化菌可以抵御这些不利条件,生物量基数的不足导致能够抵御外界不利条件的菌种更少,与此同时突然的降温也有可能使得厌氧氨氧化菌部分出现短暂的休眠现象,使得反应去除效果较差。

5.4.1.4　突然降温不同盐度下污泥颗粒特性变化分析

由图 5-25 发现,温度突然降低时反应器内的 MLSS、MLVSS 变化并不明显,MLSS 在 2 800～3 000 mg/L 范围内波动,MLVSS 在 1 200～1 400 mg/L 范围内波动,此时 MLVSS/MLSS 维持在 0.47 附近,比中温逐步驯化条件下盐

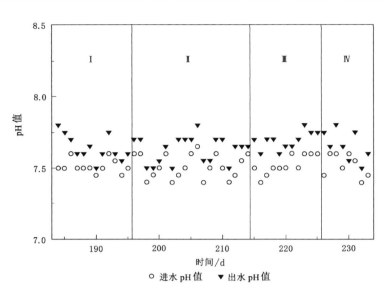

图 5-23　突然降温不同盐度下进出水 pH 值变化

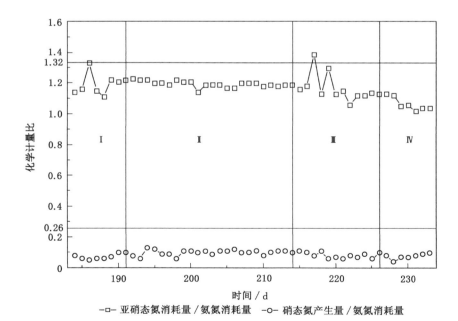

图 5-24　突然降温不同盐度下化学计量比的变化

度为 30 g/L 时的最低值还要低很多。此时伴随着污泥颗粒出现解体,中温盐度驯化过程中的大颗粒逐步变成细小颗粒,污泥中有机物含量下降,污泥颗粒化性能不好。此过程中并没有伴随污泥上浮等现象,常温条件的驯化对于反应器污泥的筛选有着一定作用。

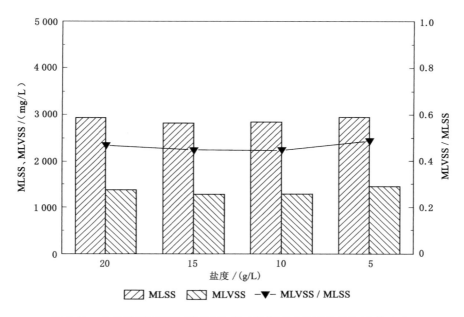

图 5-25　突然降温不同盐度下 MLSS、MLVSS、MLVSS/MLSS 的变化

在盐度降低的整个过程中反应器 MLSS、MLVSS 仍旧没有出现回升的趋势,可能是突然降温对厌氧氨氧化的抑制十分明显,也可能是低温和盐度胁迫下亚硝酸盐浓度过高,对厌氧氨氧化产生毒害作用,使得低温条件下本身活性较差、休眠的厌氧氨氧化菌活性持续变差。

5.4.1.5　突然降温不同盐度下多糖与蛋白质的变化分析

由图 5-26 可知,反应器在低温条件下的 EPS 释放量相较于中温条件下有着非常明显的下降。降温至 15 ℃后 EPS 含量降低至 43.37 mg/g,随着盐度的逐渐降低 EPS 总量略有提升,原因可能是由于厌氧氨氧化菌逐步适应了低温条件,随着盐度的逐渐降低细胞活性变化,释放 EPS 保护自身。从 PS/PN 来看,低温条件下盐度为 20 g/L 时 PS/PN 最高,此时由于温度突然降低,细胞释放的多糖含量上升,污泥亲水性能较强,与此同时污泥的 MLVSS 降低,污泥颗粒逐渐解体成细小颗粒。随着盐度的逐渐降低,PS/PN 逐渐呈现稳定趋势,虽然此时脱氮效能较差,但是可以看出突然降温条件下,20 g/L 的盐度对厌氧氨氧化

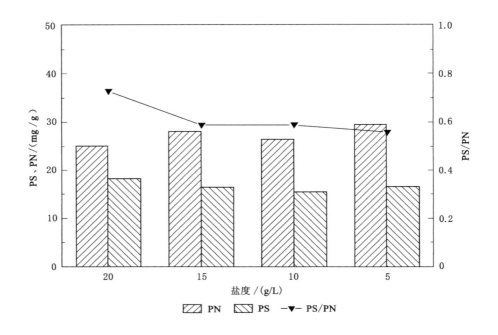

图 5-26 突然降温不同盐度下 PN、PS、PS/PN 的变化

的抑制仍旧非常明显,盐度为 0~15 g/L 时污泥活性逐渐趋于平稳。

5.4.2 低温条件下盐度驯化过程中厌氧氨氧化污泥脱氮效能以及颗粒特性研究

5.4.2.1 低温盐度驯化过程中氨氮和亚硝态氮浓度及去除率变化

通过上一阶段研究发现,在低温和突然降温条件下污泥的脱氮效能不良,由于污泥含量不足,同时受温度以及盐度的影响,厌氧氨氧化不足以达到原有的脱氮效能。由于亚硝态氮浓度大于 100 mg/L 会对厌氧氨氧化脱氮产生严重抑制作用,因此降低进水基质浓度,调整进水氨氮、亚硝态氮浓度为 100 mg/L。在该进水基质浓度下,低温盐度驯化过程中氨氮及亚硝态氮的浓度及去除率变化分别如图 5-27 和图 5-28 所示,由图可知,调整进水氨氮、亚硝态氮浓度的第 1 天,脱氮效能明显提升,出水氨氮、亚硝态氮浓度分别下降至 30.21 mg/L、47.6 mg/L,短时间内去除率上升,说明在低温和盐度胁迫下,150 mg/L 的氨氮、亚硝态氮浓度会对厌氧氨氧化产生严重抑制,当氨氮、亚硝态氮浓度降低至 100 mg/L 时抑制解除,仅仅经过 4 d,反应器就达到了稳定状态,氨氮、亚硝态氮去除率分别达到 86.65%、98.36%。

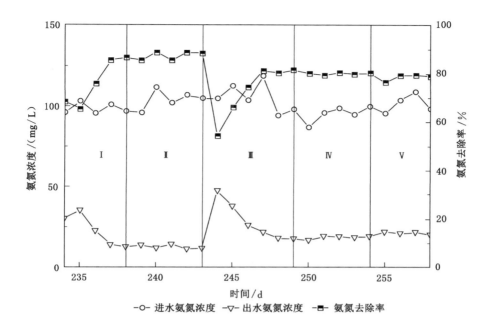

图 5-27　低温盐度驯化过程中氨氮浓度及去除率变化

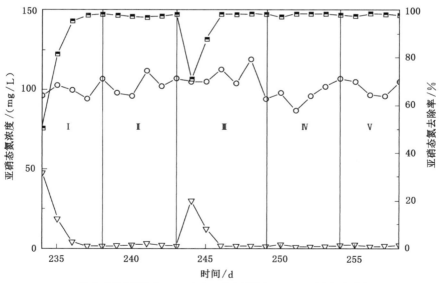

图 5-28　低温盐度驯化过程中亚硝态氮浓度及去除率变化

反应器如此快速地恢复脱氮效能的原因可能是在第Ⅰ阶段突然降温、盐度胁迫、高负荷等条件下,脱氮效能十分低,且常温条件下污泥大量流失,菌种随之流失且被筛选,污泥承受能力减弱,但是厌氧氨氧化菌仍旧在逐渐适应低温环境,因此将高负荷和盐度解除后,反应器恢复脱氮效能速度较快。

5 g/L 盐度条件下,反应器脱氮效能略微提升,出水氨氮浓度低至 12 mg/L,亚硝态氮浓度低至 1.78 mg/L,氨氮、亚硝态氮去除率分别可以达到 88.55%、98.33%,此时反应器的脱氮效能高于不加盐时,因此对于本试验反应器在低温下 5 g/L 的盐度一定程度上可以提高厌氧氨氧化脱氮效能。低温条件下当 10 g/L 的盐度投入反应器中时,反应器短时间出现大幅度波动,出水氨氮浓度达到 47.72 mg/L,亚硝态氮浓度为 30.41 mg/L,但仅仅经过 4 d 反应器就恢复了脱氮效能,氨氮、亚硝态氮的去除率分别达到 81.66%、98.36%,相比较盐度为 0 来说脱氮效能下降,氨氮去除率下降了约 5 个百分点,而亚硝态氮去除率并无明显变化,可见低温条件下 10 g/L 的盐度对反应器氨氮去除效能的抑制较为明显,菌种在低温条件下出现了再次筛选的过程。

盐度提升至 15～20 g/L 时出水氨氮、亚硝态氮浓度波动并不大,去除率基本稳定,15 g/L 盐度时氨氮、亚硝态氮去除率稳定在 80.56%、97.96%,随着盐度的提升脱氮效能下降,20 g/L 盐度时氨氮、亚硝态氮去除率为 79.03%、98.95%,此时氨氮去除率已经降低至 80% 以下。相较于盐度为 0 时仅出水氨氮浓度增加 9.8 mg/L,亚硝态氮浓度并无明显变化。

5.4.2.2 低温盐度驯化过程中总氮负荷及去除率变化

由图 5-29 可知,在反应器投加盐度达到稳定期时,进水总氮容积负荷控制在 (0.70±0.10) kg/(m³·d),总氮去除负荷基本稳定在 (0.65±0.05) kg/(m³·d),去除率整体维持在 85% 以上。反应器在 5 g/L 盐度时整体脱氮效能提升,总氮去除率从盐度为 0 时的 91.58% 提升至 93.49%。随着盐度的提升反应器脱氮效能逐渐变差,在 10 g/L 盐度胁迫下,脱氮效能出现大幅度波动,总氮去除率出现突然下降的趋势,但恢复速度较快,最终稳定在 89.84%。盐度为 15～20 g/L 时,随着盐度提升总氮去除率出现逐渐下降的趋势,盐度为 20 g/L 时,总氮去除率降至 88.81%,在本阶段负荷较低的情况下,反应器整体脱氮效能较差。

但在整个低温盐度驯化过程中,反应器脱氮效能恢复以及稳定速度相较于中温盐度驯化时快,这是由于常温条件下已经驯化出了耐高盐度的厌氧氨氧化细菌,筛选出了耐盐菌种,低温条件下厌氧氨氧化污泥再次经受盐度驯化时,已经可以抵御盐度的冲击。

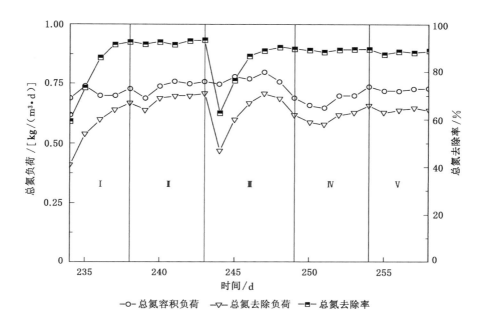

图 5-29　低温盐度驯化过程中总氮负荷及去除率变化

5.4.2.3　低温盐度驯化过程中进出水 pH 值变化

低温盐度驯化过程中反应器进出水 pH 值变化如图 5-30 所示,仍控制进水 pH 值呈弱碱性,在低温低负荷的胁迫条件下出水 pH 值仍略大于进水 pH 值,可见低温条件下的厌氧氨氧化反应较弱,由于进水基质的浓度较低,所以出水 pH 值并没有出现大幅度上升,但是仍大于进水 pH 值,符合厌氧氨氧化反应过程中产碱的特性,反应器整体稳定。

5.4.2.4　低温盐度驯化过程中化学计量比的变化

与中温盐度驯化相似,低温盐度驯化过程中,亚硝态氮消耗量与氨氮消耗量和硝态氮产生量与氨氮消耗量的比值基本维持在 1.20 与 0.11 附近(图 5-31),反应器温度降低至(15±2)℃的低温条件下,进水基质浓度降低后,亚硝态氮消耗量/氨氮消耗量比值上升,硝态氮产生量/氨氮消耗量比值下降。在低温低盐度情况下的亚硝态氮消耗量与氨氮消耗量之比与常温盐度驯化情况下基本一致。反应器在常温条件下出现了多种菌种共存的情况,低温时仍无法提取出纯净的厌氧氨氧化菌种,因此常温条件下在 AOB、NOB 等多种菌种共存的条件下,反应器亚硝态氮消耗量与氨氮消耗量之比维持在 1.10 附近,在低温条件下

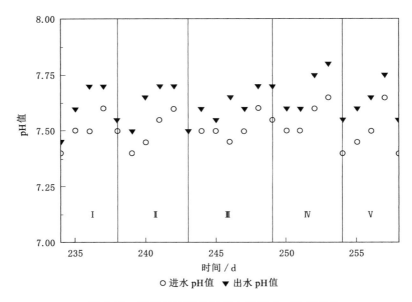

图 5-30　低温盐度驯化过程中进出水 pH 值变化

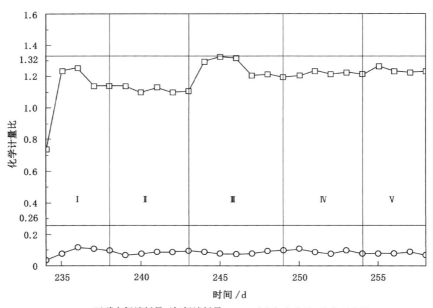

图 5-31　低温盐度驯化过程中化学计量比变化

亚硝态氮消耗量与氨氮消耗量之比为 1.14 ± 0.01,硝态氮产生量与氨氮消耗量之比为 0.11 ± 0.01,5 g/L 盐度时亚硝态氮消耗量与氨氮消耗量之比为 1.12 ± 0.01,硝态氮产生量与氨氮消耗量之比为 0.10 ± 0.01,相差并不大,且和常温条件下以及常温驯化条件下的比值相近。

在 10 g/L 盐度胁迫下少量污泥上浮,可能出现了菌种的二次筛选,由图 5-31 可见,经过 10 g/L 盐度的冲击后反应器整体的化学计量比出现了明显变化,亚硝态氮消耗量与氨氮消耗量之比突然增长至 1.21 ± 0.01,此时已经逐步靠近理论的厌氧氨氧化反应的化学计量比,硝态氮产生量与氨氮消耗量之比为 0.08 ± 0.01,变化不大。此时出水氨氮持续受到抑制,但是亚硝态氮却未受到明显抑制,出水浓度基本不变。随着盐度提升至 15 g/L、20 g/L,亚硝态氮消耗量与氨氮消耗量之比持续出现小幅度上升的趋势,出水氨氮浓度也持续恶化,此时反应器的主要菌种仍为厌氧氨氧化菌,但是由于低温和高盐度的持续胁迫,菌种的变化导致了化学计量比的改变。反应器原有的 NOB 细菌可能无法抵御低温和超过 10 g/L 盐度的胁迫,因此出水氨氮浓度持续恶化,而 AOB 并没有出现变化仍旧可以适应,因此亚硝态氮消耗量与氨氮消耗量的比值在盐度为 10 g/L 后出现升高,但是仍在厌氧氨氧化反应的整体化学计量比范围内,只是由于菌种不纯净导致反应器的整体化学计量比出现变化。因此,应通过逐渐增加外界不利因素逐步驯化出纯净的厌氧氨氧化细菌。

5.4.2.5　低温盐度驯化过程中污泥颗粒特性的变化分析

由图 5-32 可知,低温条件下污泥浓度相比常温条件下出现了大幅度下降。污泥颗粒在中温高盐度条件下出现了颗粒解体,MLSS 逐渐降低。低温条件下盐度为 0 时反应器 MLSS、MLVSS 分别可达 4 355.78 mg/L、2 866.67 mg/L,MLVSS/MLSS 与中温时相比较低,仅为 0.66,可见低温对厌氧氨氧化菌活性抑制较为明显。5 g/L 盐度时,反应器 MLSS 并未出现明显变化,MLVSS 出现略微上升的情况,MLVSS/MLSS 上升至 0.70,可见低温低盐度条件下会增加细胞通透性,细胞有机物含量增加,细胞传质速度加快,因此对应脱氮性能略有增强。10 g/L 盐度时反应器脱氮效能突然波动,伴随着污泥的突然上浮,在低温和盐度的双重胁迫下反应器菌种再次得到筛选,此时反应器内污泥 MLSS 明显下降至 3 998.65 mg/L,MLVSS 却并没有出现明显下降的趋势,为 2 810.65 mg/L,这是由于 10 g/L 盐度时污泥出现了少量上浮,部分细菌在低温低盐度双重胁迫下出现了菌体自溶、细胞死亡的现象,有机物含量增加,但是此时剩余污泥的活性不良,释放有机物含量不高,因此此时 MLVSS 相比 MLSS 下降并不明显,MLVSS/MLSS 仍旧为 0.70,与 5 g/L 盐度促进厌氧氨氧化反应时的比值基本一致。

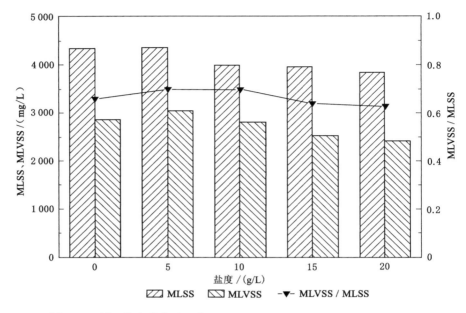

图 5-32　低温盐度驯化过程中 MLSS、MLVSS 及 MLVSS/MLSS 的变化

　　15 g/L 盐度下 MLSS 并没有出现明显改变,而 MLVSS 下降至 2 533.65 mg/L。随着盐度提升至 20 g/L,MLSS、MLVSS 出现下降趋势,分别降低至 3 856.45 mg/L、2 423.55 mg/L,MLVSS/MLSS 降低至 0.63,此时颗粒污泥的活性较差,脱氮性能也随之受到了影响。

　　低温盐度驯化过程中反应器仍旧出现了颗粒污泥上浮的现象,与此同时出现了少量的红色片状物质(图 5-33)。上浮颗粒污泥的粒径明显大于沉降性能较好的颗粒污泥,污泥颗粒松散,中间存在孔道。此时反应器内出现的红色片状物质上面聚集满了红色颗粒污泥,分析原因可能是在低温与盐度双重胁迫下再次出现了菌种筛选,片状物质颗粒分解,同时菌种不适应外界环境,释放信号分子从而相互聚集,被筛选出的菌种聚集形成了群落,成为片状物质而上浮。

5.4.2.6　低温盐度驯化过程中 EPS、多糖、蛋白质、PS/PN 变化分析

　　由图 5-34 可知,低温条件下,随着盐度的提升多糖、蛋白质的含量出现了逐渐升高的趋势。低温条件下盐度为 0 时,测得颗粒污泥中多糖、蛋白质的含量分别为 12.33 mg/g、44.56 mg/g,此时相较于常温来说,多糖、蛋白质含量均有下降。5 g/L 盐度时,EPS 总量并没有出现明显变化,但是 PS/PN 出现小

(a)　　　　　　　　　　　　(b)

图 5-33　低温盐度驯化过程中污泥颗粒性状

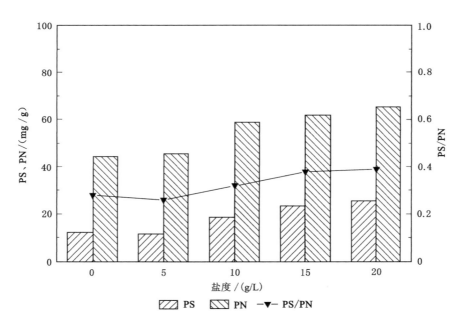

图 5-34　低温盐度驯化过程中 PN、PS、PS/PN 的变化

幅度下降的趋势,这是因为此时蛋白质含量小幅度提升而多糖含量小幅度下降。蛋白质含量的上升有利于消除细菌间的静电斥力,使得细菌之间结合更为紧密,从而抵御外界不利环境。此后随着盐度的提升多糖、蛋白质含量均上升,10 g/L 盐度时多糖和蛋白质含量分别上升至 18.65 mg/g 和 58.77 mg/g,EPS 总量也

呈现上升的趋势，最终由未加盐度时的 56.89 mg/g，升至 20 g/L 盐度时的 90.98 mg/g，PS/PN 随着盐度的提升逐渐增加，不过幅度较小。

可见，在外界不利条件下多糖、蛋白质含量出现了逐步上升的趋势，5 g/L 盐度时 EPS 总量变化并不大，当外界不利条件变差时，细胞释放的 EPS 会增多，其中多糖与蛋白质之间的比值也会逐渐上升，可以理解为细胞在抵御外界不利条件下所产生的应激反应，是细菌的一种自我保护机制，但是从 PS/PN 的逐渐增加可以看出细菌的活性出现了逐渐下降的趋势，疏水性的蛋白质占比减小，而亲水性的多糖占比增大，因此出现了细菌活性变差，污泥沉降性也随之变差的结果。

5.4.3 低温高盐度胁迫下厌氧氨氧化污泥颗粒在 SEM 下的变化

由图 5-35 可知，冲击前颗粒污泥表面较为光滑，有较多细小孔道存在，而冲击后颗粒污泥表面较为粗糙，孔道较大，表面呈现絮状，这是因为污泥结构经过低温盐度长期冲击后变得不完整。

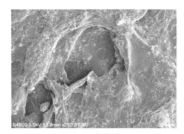

（a）长期低温高盐度（×250）

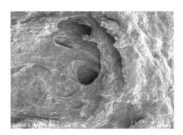

（b）长期低温高盐度（×300）

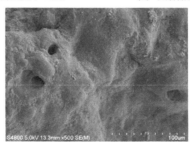

（c）正常状态下

图 5-35　高盐和正常状态下厌氧氨氧化污泥在 SEM 下的性状

5.4.4 低温高盐度胁迫下厌氧氨氧化污泥颗粒种群鉴定分析

由图 5-36 可知，反应器内污泥在长期高盐度条件下种群中 *Candidatus*

Kuenenia 占比高达 49.66％，*Candidatus Kuenenia* 属于厌氧氨氧化菌 6 个属中的一个，说明在反应器长期低温高盐度条件下厌氧氨氧化菌种可正常进行厌氧氨氧化反应。

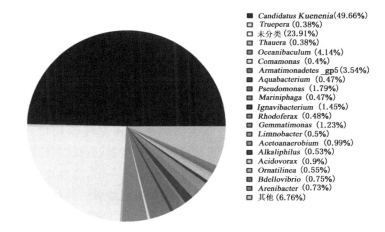

■ *Candidatus Kuenenia*(49.66%)
□ *Truepera* (0.38%)
□ 未分类 (23.91%)
■ *Thauera* (0.38%)
■ *Oceanibaculum* (4.14%)
□ *Comamonas* (0.4%)
■ *Armatimonadetes* _gp5 (3.54%)
■ *Aquabacterium* (0.47%)
■ *Pseudomonas* (1.79%)
■ *Mariniphaga* (0.47%)
■ *Ignavibacterium* (1.45%)
■ *Rhodoferax* (0.48%)
■ *Gemmatimonas* (1.23%)
■ *Limnobacter* (0.5%)
■ *Acetoanaerobium* (0.99%)
■ *Alkaliphilus* (0.53%)
■ *Acidovorax* (0.9%)
■ *Ornatilinea* (0.55%)
■ *Bdellovibrio* (0.75%)
■ *Arenibacter* (0.73%)
□ 其他 (6.76%)

图 5-36　长期低温高盐度胁迫下厌氧氨氧化菌种群占比

5.5　外源添加 K⁺ 对厌氧氨氧化处理高盐度废水脱氮效能的影响

5.5.1　K⁺ 对厌氧氨氧化处理含盐废水的短期影响

5.5.1.1　短期盐度冲击对厌氧氨氧化污泥脱氮效能以及活性的影响

为了考察 K⁺ 对厌氧氨氧化处理不同盐度含盐废水的短期影响，试验采用静态批次试验，引入比厌氧氨氧化活性（specific anammox activity，SAA）对比添加不同浓度 K⁺、不同盐度比厌氧氨氧化速率之间的关系，其计算式如下：

$$SAA = \frac{N(\mathrm{mg})}{MLVSS(\mathrm{g}) \times t(\mathrm{h})} \tag{5-1}$$

式中，N 为氨氮和亚硝态氮降解量。

设空白组的比厌氧氨氧化活性为 SAA_0，引入活性比 X：

$$X = \frac{SAA}{SAA_0} \times 100\% \tag{5-2}$$

第一组静态批次试验设置盐度为 0、1.5 g/L、3 g/L、4.5 g/L、6 g/L，不添加

K$^+$。总体来说,突然将未经过盐度驯化的成熟的厌氧氨氧化污泥进行盐度的冲击时,随着盐度逐渐增加对厌氧氨氧化污泥的活性抑制逐渐增大,短期内(0~24 h)0~3 g/L盐度抑制较弱,6 g/L盐度抑制较为明显。根据0~24 h内氨氮、亚硝态氮浓度变化,将其分为两个阶段:0~12 h为第一阶段,12~24 h为第二阶段。

由图5-37可知,第一阶段(0~12 h):此阶段随着进水盐度的逐渐提升,氨氮和亚硝态氮的整体去除速率逐渐减慢,SAA逐渐减小,活性比X逐渐降低。

盐度为0时氨氮、亚硝态氮的去除速率分别为5.25 mg/(g·h)、5.85 mg/(g·h),SAA可达11.10 mg/(g·h)。盐度提升至1.5 g/L时对氨氮去除速率影响较大,氨氮去除速率降低0.85 mg/(g·h),亚硝态氮去除速率降低幅度并不大,仅为0.38 mg/(g·h),此时的去除比有了明显的变化,反应器的菌种不纯对其有一定影响,NOB受其影响较大,SAA总体降低了1.23 mg/(g·h),活性比X为87.35%,抑制较为明显。3 g/L与1.5 g/L盐度对脱氮效果影响差别并不大,活性比仅仅降低了3.42个百分点,但是仍有少量的持续抑制。4.5 g/L盐度时SAA持续下降,直至7.98 mg/(g·h)。6 g/L盐度在平行组中抑制最为明显,SAA仅为5.04 mg/(g·h),活性比与X_0相比降低了50%以上,可以说6 g/L盐度明显有抑制作用,但是在实际连续流试验中6 g/L盐度对厌氧氨氧化产生的抑制在长期效应下完全可以抵抗,由此可以看出短期内(12 h)厌氧氨氧化对于盐度的抑制并不可以达到有效的适应。

第二阶段(12~24 h):此阶段随着进水盐度的逐渐提升,氨氮和亚硝态氮的整体去除速率逐渐提升,SAA逐渐增大,活性比逐渐升高。

本阶段与第一阶段的氨氮、亚硝态氮去除速率截然相反,SAA、X也出现相反趋势。原因可能如下:① 由于第一阶段末0、1.5 g/L、3 g/L、4.5 g/L、6 g/L盐度时的氨氮浓度分别为34.40 mg/L、47.54 mg/L、51.54 mg/L、62.40 mg/L、86.97 mg/L,亚硝态氮浓度分别为19.18 mg/L、24.88 mg/L、26.15 mg/L、34.39 mg/L、50.71 mg/L,随着盐度的增大进水基质浓度剩余量也增大,由于低盐度下的进水基质变少,因此根据微生物的繁殖规律,此时微生物脱氮速率也会减弱,因此第二阶段出现了随着盐度降低,氨氮、亚硝态氮的去除速率均减弱,而比厌氧氨氧化活性、活性比逐渐增强的趋势。但是与第一阶段(0~12 h)相比,第二阶段SAA最大值(6 g/L盐度时)仅为3.68 mg/(g·h),与第一阶段最大的SAA$_0$为11.10 mg/(g·h)相比下降明显,可见盐度对厌氧氨氧化脱氮速率的影响仍旧十分明显。② 随着时间的提升,厌氧氨氧化污泥对外界盐度表现出逐渐的适应,6 g/L盐度时最为明显,随着时间的提升氨氮去除速率由1.46 mg/(g·h)提升

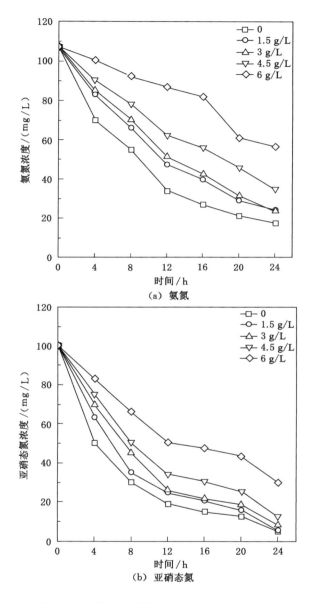

图 5-37　短期盐度冲击下氨氮、亚硝态氮浓度变化

至 2.18 mg/(g·h),活性比出现了逐步增大趋势,6 g/L 盐度下达到 167.27%,污泥逐步适应盐度的胁迫,活性逐渐变好,可见通过长期效应污泥可以逐渐适应盐度的胁迫。

5.5.1.2　短期在盐度冲击下 K^+ 对厌氧氨氧化污泥脱氮效能以及活性的影响

　　第二组静态批次试验设置盐度为 0、1.5 g/L、3 g/L、4.5 g/L、6 g/L，添加 5 mmol/L K^+。如图 5-38 所示，本组试验与第一组静态批次试验结果不同，随着盐度的提升 SAA 出现了先提升后降低然后继续提升的趋势，总体来看添加 K^+ 对抵抗盐度有一定的促进作用。空白组 SAA_0 为 6.67 mg/(g·h)，在 1.5 g/L、6 g/L 盐度下 SAA 分别为 6.78 mg/(g·h)、6.76 mg/(g·h)，均超过了 SAA_0；在 1.5 g/L、6 g/L 盐度下活性比分别为 101.67%、101.30%，可见 K^+ 对于抵抗盐度有着一定的促进作用。1.5 g/L、6 g/L 盐度下促进作用最为明显，与没有添加 K^+ 时相比，SAA 分别提高了 0.11 mg/(g·h) 和 0.09 mg/(g·h)。而 0～3 g/L 盐度下添加 K^+ 对其影响不大。通过添加 K^+ 使得整个平行对照组的 SAA 均有不同程度的提升，可见 K^+ 在抵抗盐度时可以起到一定的促进作用。

　　第二组静态批次试验第一阶段过程中并没有出现第一组试验第一阶段随着盐度提升活性比逐渐下降的趋势，由于外源添加了 K^+ SAA 出现了先提升后降低的趋势，而第二阶段与第一阶段完全相反。此时通过添加 K^+，第一阶段 6 g/L 盐度下的 SAA 与第一组静态试验不添加 K^+ 相比明显提升，SAA 高达 10.24 mg/(g·h)，其余组均有不同程度的提升。第二组试验第一阶段 3 g/L 盐度时的抑制最为明显，可能此时的 K^+、Na^+ 浓度对厌氧氨氧化菌活性抑制较大，SAA 仅为 8.01 mg/(g·h)，活性比仅仅为 75.97%。第一阶段反应过程结束后基质剩余较多的组在第二阶段反应 SAA 较大，活性比较高，可能是由于底物浓度高，微生物脱氮速率较快，活性较好。

　　两组试验对照来看，短期内（0～24 h）在盐度胁迫下添加 K^+ 组反应 SAA 以及 X 均大于未添加 K^+ 组，而且在 Na^+、K^+ 添加比例不同的时候促进和抑制效果也不尽相同，分析原因是由于 Na^+、K^+ 比例对细胞影响作用较大，因此出现了先促进后抑制的情况。细胞中原生质膜上有一种重要的载体蛋白通道 Na^+ K^+-ATP 酶，该酶也称为 Na^+-K^+ 泵。Na^+ K^+-ATP 酶可利用 ATP 能量将 Na^+ 从细胞内泵出细胞外，将 K^+ 泵入细胞内，由于整个试验受到盐度的胁迫，此时外加的 K^+ 在 Na^+ K^+-ATP 酶的作用下，保证了细胞的渗透压，因而可以维持细胞活性。此外，细胞内一定浓度的 K^+ 也是保证细胞内外许多酶活性和蛋白质合成的必备离子，因此在短期盐度胁迫下 K^+ 有一定的促进作用。

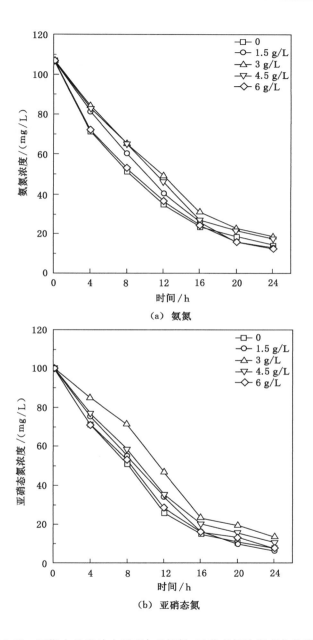

（a）氨氮

（b）亚硝态氮

图 5-38　短期在盐度冲击下 K⁺ 对氨氮、亚硝态氮浓度变化的影响

5.5.2 中温条件下外源添加 K$^+$ 对厌氧氨氧化处理高盐废水脱氮效能的长期影响

5.5.2.1 中温条件下外源添加 K$^+$ 过程中氨氮和亚硝态氮浓度及去除率变化

由图 5-39、图 5-40 可知,反应器在中温和 30 g/L 盐度下,氨氮、亚硝态氮去除率分别维持在 71.17%、79.51%,通过添加 K$^+$ 并逐步提升其浓度,设置 K$^+$ 浓度为 5 mmol/L、10 mmol/L、15 mmol/L、20 mmol/L,考察添加 K$^+$ 对氨氮和亚硝态氮浓度及去除率的影响。

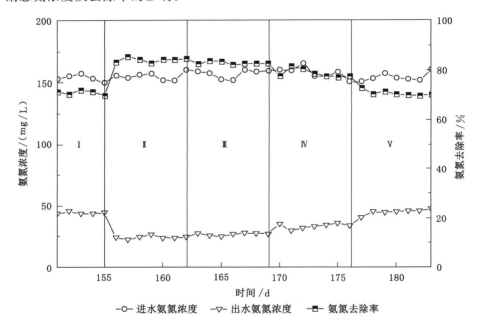

图 5-39　中温高盐条件下添加 K$^+$ 氨氮浓度及去除率变化

反应添加 5 mmol/L K$^+$ 初期,出水氨氮、亚硝态氮浓度出现了突然下降,分别从未添加 K$^+$ 时的 44.80 mg/L、34.40 mg/L 降低至 24.11 mg/L、15.65 mg/L,氨氮、亚硝态氮的去除率明显上升,分别上升至 83.53%、89.52%。由图 5-39、图 5-40 可见,5 mmol/L K$^+$ 为整个添加 K$^+$ 过程中的促进最优点。这是因为一定浓度的 K$^+$ 通过细胞原生质膜上的 Na$^+$-K$^+$ 泵,使得细胞主动进行 Na$^+$ 的排放以及 K$^+$ 的吸收,从而维持细胞的良好活性。

添加 10 mmol/L K$^+$ 后,氨氮、亚硝态氮的出水浓度相比添加 5 mmol/L K$^+$ 时略有增加,出水氨氮、亚硝态氮浓度分别提升至 27.58 mg/L、32.46 mg/L,去除率相比添加 5 mmol/L K$^+$ 时略有下降,氨氮、亚硝态氮去除率分别稳定至

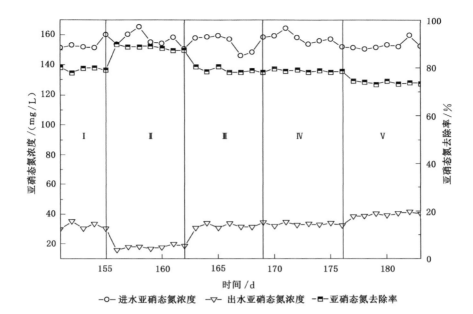

图 5-40　中温高盐条件下添加 K⁺ 亚硝态氮浓度及去除率变化

82.73%、78.53%。此时与添加 5 mmol/L K⁺ 相比脱氮效能略有下降,与不添加 K⁺ 时相比出水氨氮浓度仍有降低,亚硝态氮浓度基本持平。此时氨氮去除率相比不添加 K⁺ 时提升了约 12 个百分点,而亚硝态氮去除率却略有下降。分析认为此时厌氧氨氧化反应良好,氨氮去除效能较高,10 mmol/L K⁺ 对厌氧氨氧化反应促进效果明显,K⁺ 对厌氧氨氧化中的酶合成有着一定程度的促进,同时对反硝化过程的促进并不突出,因此氨氮去除效能明显,而亚硝态氮的去除效能一般。

添加 15 mmol/L K⁺ 后,相比于不添加 K⁺ 时对反应器内氨氮的去除在一定程度上有促进作用,而出水亚硝态氮浓度已达 35.14 mg/L,高于不添加 K⁺ 时,总体来讲,此时添加 K⁺ 对厌氧氨氧化仍有一定程度的促进作用。

添加 20 mmol/L K⁺ 时氨氮、亚硝态氮去除率分别达到 70.13%、73.87%,相比不添加 K⁺ 时出现了一定程度的抑制现象,可见过高浓度的 K⁺ 使得细胞吸收 K⁺ 过量,此时细胞体内仍有一定浓度的 Na⁺,使得部分菌体细胞出现紊乱,酶活性较差,从而不能达到促进的效果。

综上可知,中温条件下,随着添加 K⁺ 浓度的逐步提升(0～20 mmol/L),氨氮、亚硝态氮去除均出现了先受促进后受抑制的总体趋势,0～15 mmol/L K⁺ 对氨氮去除起到明显的促进作用,其中 5 mmol/L K⁺ 的促进作用最为明显,10～15 mmol/L K$^+$促进效果相比5 mmol/L时出现了逐渐下降的趋势,20 mmol/L K$^+$则起到了抑制作用;与此同时,亚硝态氮的去除效果也在 K$^+$浓度为 5 mmol/L 时提升最为明显,但 K$^+$浓度超过 10 mmol/L 后亚硝态氮的去除效果出现了逐渐下降的趋势,而且相比不添加 K$^+$时出水浓度更高,去除率更差。

5.5.2.2 中温条件下外源添加 K$^+$过程中总氮负荷及去除率变化

中温条件下进水总氮负荷控制在(1.11±0.03) kg/(m^3·d),由图 5-41 可见,总氮去除负荷、总氮去除率随着 K$^+$浓度提升而出现了先上升后降低的趋势。

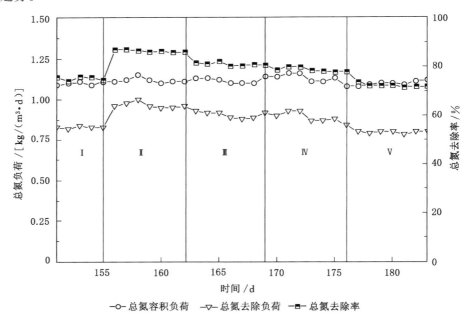

图 5-41　中温高盐条件下添加 K$^+$总氮负荷及去除率变化

添加 5 mmol/L K$^+$后短期内总氮去除效能迅速提升,此时 K$^+$有效地缓解了盐度带来的抑制作用,总氮去除率提升至 86.22%,总氮去除负荷可达 0.95 kg/(m^3·d),相比于不添加 K$^+$时提升了 0.11 kg/(m^3·d)。

随着添加 K$^+$浓度的持续提升,总氮去除效能出现逐渐降低的趋势,添加 10 mmol/L K$^+$时总氮去除负荷达到 0.89 kg/(m^3·d),相比添加 5 mmol/L K$^+$时已经出现了一定程度的抑制,但相比于不添加 K$^+$时,总氮去除率仍提升了 6 个百分点。随着 K$^+$浓度提升至 15 mmol/L,总氮去除负荷为 0.86 kg/(m^3·d),总氮去除率为 78.17%,添加 K⁺ 仍有一定程度的促进作用。

添加 20 mmol/L K⁺ 时已经出现了抑制的现象,总氮去除负荷相较于不添加 K⁺ 时略低,为 0.79 kg/(m³·d),总氮去除率已经降低至 72.08%,比不添加 K⁺ 时去除效果还要差。可见添加一定浓度的 K⁺ 可以缓解高盐度所带来的抑制,提升酶活性,保持细胞渗透压,增强反应器总体的脱氮效能,但是过高浓度的 K⁺ 会破坏厌氧氨氧化中的关键性酶,抑制脱氢酶产生,对厌氧氨氧化反应产生一定程度的抑制,从而使反应器的脱氮效能难以提升。

5.5.2.3　中温高盐条件下外源添加 K⁺ 过程中化学计量比变化

由图 5-42 可知,中温高盐条件下未添加 K⁺ 时,亚硝态氮消耗量/氨氮消耗量稳定在 1.15±0.03,硝态氮产生量/氨氮消耗量稳定在 0.18±0.03。随着 K⁺ 浓度不断提升,反应过程中的亚硝态氮消耗量/氨氮消耗量出现了先降低而后逐渐提升的现象,直至恢复至未添加 K⁺ 时的状态。

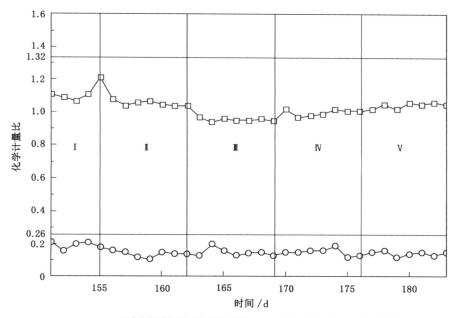

图 5-42　中温高盐条件下添加 K⁺ 化学计量比变化

添加 5 mmol/L K⁺ 时,亚硝态氮消耗量/氨氮消耗量降低至 1.04±0.01,总体反应器脱氮性能良好,分析可能此时反应器内厌氧氨氧化作用明显增强,氨氮去除效率较高,氨化作用也增强,因此亚硝态氮去除效率提升比不如氨氮。添加 10 mmol/L K⁺ 时,亚硝态氮消耗量/氨氮消耗量降低至 0.95±0.01,此时反应器内反硝化作用再次减弱,厌氧氨氧化作用持续增强,K^+浓度为 10 mmol/L 对反硝化作用促进并不明显,反应器出水硝态氮含量较低,因此反硝化作用将水中的硝态氮转化为氮气,因而硝态氮产生量/氨氮消耗量持续低于理论值。添加 15 mmol/L K^+ 时反应器内亚硝态氮消耗量/氨氮消耗量提升至 1.02 ± 0.01,仍低于未添加 K^+ 时的计量比,此时对氨氮去除的促进作用仍旧明显,说明一定程度的 K^+ 对厌氧氨氧化菌抵御盐度是有一定促进作用的。添加 20 mmol/L K^+ 时亚硝态氮消耗量/氨氮消耗量持续上升至 1.05,反应器氨氮、亚硝态氮去除效能均受到抑制,但是此时氨氮去除比仍高于亚硝态氮去除比。

综上可见,K^+ 的添加对厌氧氨氧化抵御盐度的促进强于对抵抗反硝化的促进,因而反应过程中亚硝态氮消耗量/氨氮消耗量低于未添加 K^+ 时的比值,从化学计量比来看,反应整个过程中 5 mmol/L K^+ 的添加对厌氧氨氧化的促进作用最为明显,但对反硝化过程促进效果一般,氨氮去除比最高。$10\sim15$ mmol/L K^+ 的添加对厌氧氨氧化和反硝化作用共同促进,20 mmol/L K^+ 的添加对两个过程都产生抑制作用,但对反硝化过程影响较大。总体来说,在中温高盐度胁迫下,$0\sim15$ mmol/L K^+ 的添加对厌氧氨氧化作用的提升明显,可能一定浓度的 K^+ 对厌氧氨氧化反应过程中厌氧氨氧化菌产生的脱氢酶活性有一定促进效果,过高 K^+ 浓度(如 20 mmol/L)则会产生一定的抑制作用;$0\sim10$ mmol/L K^+ 对反硝化菌的酶活性促进效果并不明显,15 mmol/L K^+ 对其无促进作用,20 mmol/L K^+ 甚至会对其产生抑制作用。

5.5.3 低温条件下外源添加 K^+ 对厌氧氨氧化处理高盐废水脱氮效能的长期影响

5.5.3.1 低温高盐条件下外源添加 K^+ 过程中氨氮和亚硝态氮浓度及去除率变化

由图 5-43、图 5-44 可知,低温(15 ℃)和 20 g/L 盐度胁迫下反应器氨氮、亚硝态氮去除率分别为 79.41%、98.30%,出水氨氮、亚硝态氮浓度分别为 21.32 mg/L、1.68 mg/L。随着添加 K^+ 浓度的不断提升,出水氨氮浓度出现了先降低后上升的趋势,氨氮去除率也出现了明显的变化,亚硝态氮去除良好,但在 K^+ 浓度过高时出现了浓度上升的现象。

K^+ 添加浓度为 5 mmol/L 时,出水氨氮浓度为 20.68 mg/L,相较于未添加 K^+ 时略有下降,出水亚硝态氮浓度基本不变。低温高盐度下亚硝态氮的去除率已经达到非常好的状态,因而整个添加 K^+ 的过程中,出水亚硝态氮浓度基本保持不变。添加 K^+ 浓度为 10 mmol/L 时,对厌氧氨氧化促进效果最为明显,出水氨氮浓度大幅度下降,氨氮去除率达到 86.54%,亚硝态氮去除率仍旧与未添加

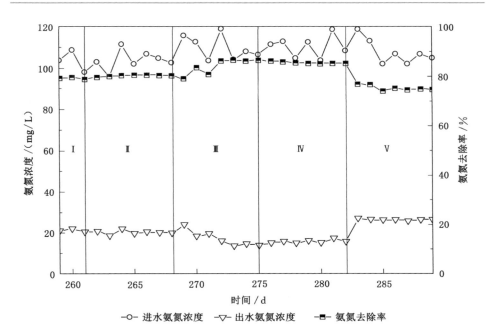

图 5-43 低温高盐条件下添加 K$^+$ 氨氮浓度及去除率变化

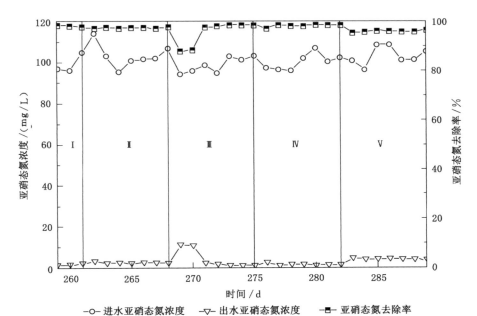

图 5-44 低温高盐条件下添加 K$^+$ 亚硝态氮浓度及去除率变化

K$^+$时持平。K$^+$的添加可提升厌氧氨氧化菌的脱氢酶的活性,Na$^+$-K$^+$泵的存在对细胞抵抗盐度方面有一定作用。与中温条件下 5 mmol/L 的 K$^+$ 为最佳促进点相比,低温条件下 10 mmol/L 的 K$^+$ 为最佳促进点,这可能是由于厌氧氨氧化菌在低温条件下细胞离子交换速率较慢,活性较差,需要更高浓度的 K$^+$ 激活活性,因此低温条件下最佳促进点 K$^+$ 浓度相对中温条件下最佳促进点 K$^+$ 浓度来说较高。添加 15 mmol/L K$^+$ 时,出水氨氮浓度相比不添加 K$^+$ 时仍旧较低,亚硝态氮去除率仍旧不变。可见 0～15 mmol/L 的 K$^+$ 对厌氧氨氧化的促进十分明显。添加 20 mmol/L K$^+$ 时,出水氨氮、亚硝态氮浓度均高于不添加 K$^+$ 时的浓度,氨氮、亚硝态氮去除率分别降低至 74.81%、96.16%,与中温条件下 K$^+$ 浓度过高(如 20 mmol/L)对厌氧氨氧化会产生抑制的现象基本一致。可见,低温条件下 0～15 mmol/L K$^+$ 的添加可以强化厌氧氨氧化脱氮效能,20 mmol/L K$^+$ 的添加则会对厌氧氨氧化脱氮效能产生抑制,原因是过高的 K$^+$ 使得细胞膜上的 Na$^+$-K$^+$ 通道失活,同时也会使得细胞整体内外渗透压不平衡,细胞代谢紊乱,活性较差。

5.5.3.2 低温高盐条件下外源添加 K$^+$ 过程中总氮负荷及去除率变化

由图 5-45 可知,低温高盐条件下反应器进水总氮负荷控制在(0.74 ± 0.03) kg/(m^3·d),总氮去除负荷维持在(0.64 ± 0.03) kg/(m^3·d),添加 5 mmol/L K$^+$ 时反应器总体脱氮效能并没有大幅度提升,总氮去除负荷为 0.67 kg/(m^3·d)。K$^+$ 浓度提升至 10 mmol/L 时,脱氮效能出现了明显提升,

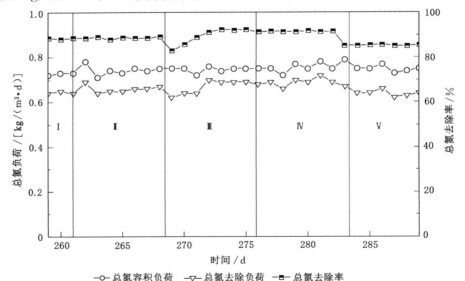

图 5-45　低温高盐条件下添加 K$^+$ 时总氮负荷及去除率变化

总氮去除负荷提升至 0.69 kg/(m³·d),总氮去除率高达 92.60%。由图 5-45 可见,10 mmol/L K+ 为反应器低温高盐条件下脱氮效能的最佳促进点,该浓度 K+ 的添加有效地抵御了在低温条件下盐度的胁迫。添加 15 mmol/L K+ 时反应器总体脱氮效能相比 K+ 浓度为 10 mmol/L 时有小幅度下降,总氮去除率降低至 91.73%。可见,0~15 mmol/L K+ 的添加对于低温高盐条件下厌氧氨氧化脱氮效能来说均有着一定的促进作用。20 mmol/L K+ 添加后,与不添加 K+ 时相比出现了抑制情况,可见 20 mmol/L 的 K+ 在抵御高盐过程中浓度过高,成了新的胁迫因素。

5.5.3.3 低温高盐条件下外源添加 K+ 过程中化学计量比变化

由图 5-46 可知,低温高盐条件下亚硝态氮消耗量/氨氮消耗量为 1.23 ± 0.01,随着 K+ 浓度的不断提升亚硝态氮消耗量/氨氮消耗量出现先下降后上升的趋势。由于低温高盐条件下亚硝态氮去除效能良好,K+ 浓度为 0~15 mmol/L 时亚硝态氮的去除率都维持在较高水平,同时氨氮去除效果明显,因此亚硝态氮消耗量/氨氮消耗量逐渐降低,反应器内厌氧氨氧化反应得到了明显的提升。但是

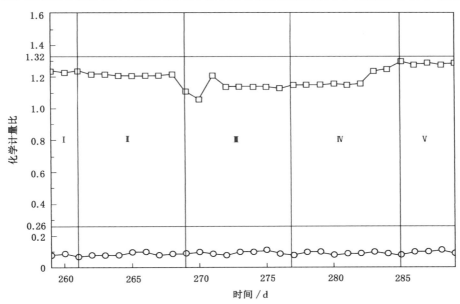

图 5-46　低温高盐条件下添加 K+ 过程中化学计量比变化

此时存在反硝化过程,亚硝态氮去除效率持续很高,出水硝态氮浓度持续降低,整个过程中硝态氮产生量/氨氮消耗量维持在 0.10 ± 0.02。随着 K^+ 浓度持续提升亚硝态氮消耗量/氨氮消耗量再次提升,此时氨氮去除效果较差,但是对反硝化反应影响并不是很大,此时反应器内存在反硝化菌,即使厌氧氨氧化遭到抑制,反硝化菌仍会对硝态氮和亚硝态氮进行去除,而厌氧氨氧化遭到抑制后氨氮去除浓度降低,因此反应计量比升高。

5.5.4 外源添加 K^+ 对厌氧氨氧化处理高盐废水脱氮效能影响的机制

细胞内外 K^+ 浓度不同于细胞内外 Na^+ 浓度,Na^+ 是细胞外浓度高于细胞内浓度,而 K^+ 是细胞内浓度高于细胞外浓度。由于厌氧氨氧化菌脱氮过程中盐度的不断提升,Na^+ 浓度不断提升,通过细胞膜上的 Na^+ 通道由高浓度向低浓度方向渗透,如果此时不添加大量 K^+,细胞会逐渐积累 K^+ 的含量从而抵抗盐度带来的胁迫;若此时添加 K^+,细胞内外会开启另一种离子通道 Na^+-K^+ 泵进行调节,积累 K^+ 的含量从而抵抗盐度对厌氧氨氧化菌的胁迫。Na^+-K^+ 泵的存在调节了细胞渗透压和活性。Na^+-K^+ 泵是一种特殊的主动运输,细胞会通过 Na^+-K^+ 泵进行细胞内 Na^+ 的外排和 K^+ 的吸收,从而保证厌氧氨氧化菌内外渗透压以及离子浓度以维持细胞良好活性,整个过程会消耗能量。K^+ 浓度逐步提升的过程中,细胞膜上存在的 K^+ 通道也会进行顺浓度梯度的运输,此时一定浓度的 K^+ 的添加会缓解 Na^+-K^+ 泵的压力,从而维持渗透压。随着 K^+ 浓度提升过高,细胞膜上的 K^+ 通道持续出现顺浓度梯度的运输,此时 Na^+-K^+ 泵难以维持细胞渗透压,造成细胞渗透压紊乱,细胞活性变差,从而导致厌氧氨氧化菌脱氮效能的下降。

盐度胁迫下 K^+ 的添加也会提升厌氧氨氧化关键性酶脱氢酶的合成,K^+ 是酶合成的重要组成部分,可使酶的活性提升,细胞代谢良好,因此适当浓度 K^+ 的添加对厌氧氨氧化脱氮效能的提升有着一定的促进作用,但 Na^+ 与 K^+ 的比例十分重要。批次试验中添加不同浓度的 K^+ 后脱氮效能出现了不同的变化,连续流试验过程中厌氧氨氧化菌对于 K^+ 的不断添加也有一定的适应过程,反应器稳定通常需要几天的时间,厌氧氨氧化脱氮效能的提升也需要一定的时间。

5.6 结论与展望

5.6.1 结论

本试验在盐度和低温的双重胁迫下,驯化出可以处理含氮废水的厌氧氨氧化污泥,通过外源添加 K^+ 进行高盐废水处理的强化。

中温(30 ℃)条件下通过菌种流加的方式快速启动厌氧氨氧化反应器,通过90 d 成功地启动了厌氧氨氧化反应器;反应器启动过程中出现了污泥上浮,经过驯化后沉降性能良好,反应器总氮负荷稳定在 1.37 kg/(m³·d);反应器启动过程中污泥颜色经历了黄—黑—红的过程,污泥颗粒化逐渐明显;反应器成功启动后 MLSS、MLVSS 分别可达到 8 388.5 mg/L、7 511.5 mg/L,MLVSS/MLSS 高达 0.90。

中温条件下通过逐步提升盐度的方式进行盐度驯化;中温盐度驯化过程中随着盐度提升脱氮效能逐渐减弱,盐度为 20 g/L 时对厌氧氨氧化脱氮效能抑制较明显,盐度为 30 g/L 时产生严重抑制,脱氮效能仅为未添加盐时的 79.04%;0～20 g/L 盐度胁迫下颗粒污泥逐渐紧密,30 g/L 盐度时颗粒污泥逐渐解体成细小颗粒污泥;随着盐度提升可溶性 EPS 含量逐渐增加,20 g/L 盐度下出现激增,伴随着污泥的大量上浮,出现了菌种筛选的过程,生物量大量减少;中温条件下盐度驯化过程是一个菌种的筛选过程,脱氮效能随着盐度的增加而逐渐减弱,0～20 g/L 盐度的胁迫会促进细胞释放 EPS 抵御不良环境,使得菌体之间结合更为紧密。

中温盐度驯化后的厌氧氨氧化污泥突然带盐度降温后,由于常温污泥流失过多,反应器生物量不足以及亚硝酸盐浓度过高产生的抑制,脱氮效能持续不良,颗粒逐渐出现解体,脱氮效能随着盐度提升逐渐降低,低温(15 ℃)条件下盐度为 20 g/L 时总氮去除负荷为 0.65 kg/(m³·d),总氮去除率为 88.81%;低温条件下生物量少、亚硝酸盐浓度高对脱氮效能抑制明显,EPS 随着盐度提升而增加,PS/PN 增加至 0.39,污泥颗粒性变差。

通过静态批次试验、连续流试验分别探究了短期、长期下 K^+ 添加对厌氧氨氧化抵抗盐度下的脱氮效能的影响。短期内 5 mmol/L K^+ 对未经驯化的厌氧氨氧化污泥脱氮效能均有促进作用,在 6 g/L 盐度胁迫下促进作用最佳。长期下,中低温高盐度条件下随着 K^+ 浓度的提升,脱氮效能均出现了先上升后下降的趋势,5 mmol/L K^+ 为中温(30 ℃)高盐(30 g/L)条件下的最佳促进点,总氮去除率提升了 10.87 个百分点,10 mmol/L K^+ 为低温(15 ℃)高盐(20 g/L)条件下的最佳促进点,总氮去除率提升了 3.94 个百分点。中低温条件下添加 20 mmol/L K^+ 时均出现了抑制现象。

5.6.2　创新点

(1) 通过菌种流加的方式快速启动厌氧氨氧化反应器。

(2) 在降温阶段实现了带一定盐度负荷下突然降温。

（3）在脱氮效能较差的情况下通过外源添加 K^+ 改善脱氮效能。

5.6.3 展望

在整个试验阶段,仅对反应器长期低温高盐条件下的种群进行了鉴定分析,并未对反应器启动成功后、中温高盐度驯化后、突然降温下各个阶段的种群结构进行鉴定,无法形成种群结构的对比。

由于采用的模拟高盐度废水成分与实际废水成分存在差异,因此建议对驯化成功后的厌氧氨氧化污泥采用实际生产中的高盐废水进行试验分析。

参考文献

［1］国家环境保护总局《水和废水监测分析方法》编委会.水和废水监测分析方法［M］.4 版.北京:中国环境科学出版社,2002.

［2］TANG C, ZHENG P, CHEN T, et al. Enhanced nitrogen removal from pharmaceutical wastewater using SBA-ANAMMOX process[J].Water research,2011,45(1):201-210.

［3］MOLINUEVO B, GARCIÍA M C, KARAKASHEV D, et al. Anammox for ammonia removal from pig manure effluents:effect of organic matter content on process performance[J].Bioresource technology,2009,100(7):2171-2175.

［4］姚俊芹,刘志辉,周少奇.温度变化对厌氧氨氧化反应的影响[J].环境工程学报,2013,7(10):3993-3996.

［5］ANTHONISEN A C, LOEHR R C, PRAKASAM T B, et al. Inhibition of nitrification by ammonia and nitrous acid［J］.Forensic science international synergy,1976,48(5):835-852.

［6］GROENEWEG J,SELLNER B,TAPPE W.Ammonia oxidation in nitrosomonas at NH_3 concentrations near k_m:effects of pH and temperature［J］.Water research,1994,28(12):2561-2566.